扛起來，就是你的！

有擔當才有機會！提升職場力的不敗工作術

職場好感度教練 維琪（Vicky）著

◎感謝各界好評推薦（依姓氏筆劃排序）

王永福（頂尖企業講師及簡報教練、《教學的技術》《上台的技術》等書作者）

周震宇（聲音訓練專家）

林明樟（ＭＪ／連續創業家暨兩岸三地上市公司指名度最高的頂尖財報職業講師）

林育聖（文案的美創辦人）

林揚程（太毅國際顧問股份有限公司、書粉聯盟創辦人）

林靜如（律師娘）

姚詩豪（大人學共同創辦人）

張國洋（大人學共同創辦人）

楊田林（企業人文講師）

楊斯棓（年度暢銷書《人生路引》作者、醫師）

鄭正一（最佳方案有限公司執行長）

歐陽立中（爆文寫作教練、暢銷作家）

蕾咪（知名理財 YouTuber）

謝文憲（企業講師、作家、主持人）

蘇文華（ＡＴＤ大中華區資深講師、瓦利學習首席講師）

權自強（讚點子數位行銷執行長）

推薦序

合宜的職場應對進退遠勝專業

王永福

在職場上，合宜的應對進退，遠勝於專業！因為我們活在一個共同協作的社會群體中，跟人互動就需要應對，遇到事情就要進退。這個學問學校沒教，也不易找到人請教，平常只能仔細觀察，從互動中揣摩。

身為好感度教練及知名活動主持人，也是許多企業及個人的顧問，Vicky 經常需要在很短的時間內組成臨時團隊，並且執行重要任務。而且也要在最短的時間，跟客戶或合作對象建立默契，協同作業。累積過去許多的經驗後，她整理了親身體驗，跟大家分享提升職場力的不敗工作術，包含個人形象、人際互動、職場溝通、應對進退，以及團隊合作。裡面不僅有故事及經驗、心法及方法，甚至還有整理好的法則與公式，像是 IMPACT 法則、3A 方法、BIC 回饋模型，以及三層

推薦序

擺脫窮忙的職場軟實力指南

周震宇

認識維琪將近八年了，她來報名我的「聲音表達課程」之前，已經是頗受市場歡迎的婚禮顧問、活動主持人，但她並不以此自滿，仍在百忙之中安排許多進修課程，不斷走出舒適圈，提升自己的專業能力。

外表甜美的她，內在其實是個女漢子，不論工作、學習、教學、家庭、育兒、運動等，一旦決定要做，就是義無反顧做到她的極限；不論身處什麼產業、環境、角色，她總是英姿颯爽地一路衝鋒陷陣、披荊斬棘，勇敢開創屬於自己的幸福人生。

這樣的女子，很有故事，也有很多寶貴經驗值得職場新人吸收、老將惕勵，這些精采內容一時半刻說不完，整理成書，是極好的選擇，而透過閱讀這本書，讓我又重新品味「好感度」這三個字。

好感度這項能力很幽微，卻又常常在關鍵時刻發揮作用，這是由許多細節堆疊而成的專業實力，沒有僥倖的空間。有哪些細節呢？具體來說，就是「觀念×做事方法×執行力」，維琪這本書很全面地總結自身的職場智慧，比方：

「工作再簡單，也能做出你的價值」「工作能力從量變進化成質變」「有擔當，就有機會」、進行業務開發時要把思考的角度從『怎樣才能銷售出去』轉換為『如何幫客戶創造價值』」等，這些看似簡單，但沒有高人提點就不會意識到的重要觀念，確實會決定職場工作者是慢慢走向平庸，還是變得更優秀。維琪不會只給你金句，她還「出賣」她的親朋好友，用實際發生過的故事或例子，讓你秒懂且印象深刻。而在做事方法、執行力方面，她也不打高空，就是很務實的寫出像是「職場七大禮儀清單」「引導式溝通三步驟」「頂尖人士的開會技巧」等非常落地的 Check list 與 SOP，只要照著做，就能對這些方法帶來的好處有所體會。

「忙」並不可怕，「窮忙」才讓人頭大。如果每個人在初入職場時，都能有像維琪這樣犀利與耐心雙效合一的教練帶領，就有很大機會擺脫窮忙，而這本「職場軟實力指南」宛如維琪本人陪在你身邊，引導你朝著正確的方向打造個人品牌，讓你忙得有效益、有價值、有成就，這種踏實的幸福，才真正值得追求。

（本文作者為聲音訓練專家）

推薦序

職場品牌達人就在你身邊

林揚程

初見維琪，除了注意到她的亮麗外表外，還帶給大家一種正向親切的好感度，熟識之後，又會因為她的積極態度與行動力而感動。

維琪的人，正如她引用蔡康永所言：「你越會說話，別人就越快樂；別人越快樂，就會越喜歡你；別人越喜歡你，你得到的幫助就越多，你會越快樂。」

她會通過正向和愉悅的溝通方式，讓你認同並喜歡她，她會是你期待有機會合作的夥伴。

三年前邀請維琪到書粉聯盟讀書會社群擔任運營總監，負責兩岸八十多個O2O讀書會的社群幫主，以及書粉夥伴線上線下的社群活動。

她總能以捨我其誰的態度和行動力來迎接大大小小的專案項目，甚至舉辦首屆兩岸讀書會交流論壇，得到各界人士的認可與推崇。與她合作的兩年間，也讓書粉聯盟快速成長，成為臺灣最大的讀書會社群。

我們合作的期間，只要有任何新的機會或挑戰，她總會跟我說：「我沒問題，我們一起完成它！」以主動積極的態度面對；也因為這段合作經歷，我特別認同她「有擔當才有機會」的主張，我也相信「扛起來，就是你的」！她確實贏得了我和所有合作機構、夥伴的肯定與讚揚。

這本書就像維琪明快的處事作風，把她的實務經驗、如何建立個人職場品牌，透過簡明易上手的技巧步驟傳授予你，讓你學到六大關鍵技術：

1. 快速建立第一印象的祕訣。
2. 建構個人職場差異識別度。
3. 打造影響力的視覺度技巧。
4. 高成交模式的精準提案力。
5. 好感度的商業應對溝通力。
6. 新世代必修超好感帶人術。

好的職場品牌，讓你政通人和，除了讓公司和老闆授權你發揮所長外，同時讓團隊夥伴開心地和你完成重要任務，快速成就你的事業高峰。想建立個人職場品牌的人，相信這部作品會是你絕佳的實操工具書。

（本文作者為太毅國際顧問股份有限公司、書粉聯盟創辦人）

推薦序

強運遇貴人，其實有法可循！

楊斯棓

你曾望著別人成功，卻認為對方多是靠裙帶關係或運氣好遇到伯樂而扶搖直上，自己只是懷才不遇嗎？

我們在二十幾歲的不順遂，「懷才不遇」像是一塊品質良好的日製痠痛貼布，我們藉著它昭告天下：「我很好，只是你（們）不懂。」但隨著年紀漸長，這四個字聽來卻越來越像一塊眼看隨時會脫落的狗皮膏藥。

在業務跟講師領域獲得巨大成功的「憲哥」謝文憲，有篇專欄名為：「職場不得志，就認為自己懷才不遇？殘忍的真相：你懷的才，真的是才嗎？」

暢銷書《斜槓的五十道難題》中，共同作者安納金也有類似提醒：「有些人覺得有『懷才不遇』之感。這樣的想法，或許在古代我們值得給予同情，因為古代交通不發達，資訊流通速度緩慢，而人生不過數十載；但現代網路這麼普及，資訊流通速度非常快，會說自己『懷才不遇』，或許只是對自己能力的認知有偏差吧。」

我完全同意有些人確實靠著血統或裙帶關係卡死某一些位置，我們先撇開那些人不談。假設我們生來或後來就是沒有那些「優勢」，難道只能坐等伯樂從天而降？很多抱怨沒有伯樂的人，不是不遇伯樂，而是不斷跟伯樂錯身而過，更甚者，激怒伯樂，讓對方拂袖而去。

我有一位資深講師朋友，有一次他的後進拿到一間大型書店的企業內訓授課邀約，他千叮嚀萬交代，那間書店最大的問題就是會員機制還能設計得更好，課程設計可以引導其成員思考：從既定的高消費會員中，切出至少三個等級的會員，給予不同程度的優惠，這樣他們的消費額度一定還會繼續成長。

那位後進講師在第一次彩排時，一聽有理，勤做筆記，應允在一個月之後的第二次彩排時，來個驚天動地大改版。然而，一個月過去了，別說資深講師給的建議，連他自己承諾要改的部分，無一更動。

資深講師氣炸，決定不再花力氣在此人身上。

你以為這位打馬虎眼的新進講師損失的只有這些？資深講師曾非常看好他，也打算在新進講師第一次出書之際就買下一千本，自掏腰包送給自己的人脈圈。

這種「就地再刷」的力道，你身邊若有出版社的朋友歡迎打聽看看，絕對堪稱罕見，但蠢的交關的人就是有辦法努力趕跑原本支持他的力量。

同一時期，有一位學經歷、顏值也在伯仲之間的講師，只要彩排過程中聽聞建議，當晚必定將投影片全數改好，相關思路也都詳實記錄。果然，這位講師的課約跟時薪都是年年成長。年薪成長，代表他能隨心所欲去做SPA，代表他負擔得起高階進修。

他課上得越好，就拿到更多機會，賺到更多錢，能進修、能放鬆，狀態更好，課上得更好，然後不斷重複這個飛輪。

很多人聽過「No magic, only basic」，卻不懂箇中奧妙。意思是很多「基本功」（basic）的事情，你辦妥貼了，我們一度以為很遙遠的「神奇魔法」（magic），就會不斷發生，頻繁程度甚至會讓我們懷疑人生。

但很多人不屑「基本功」，一心期待當「神奇魔法」降臨要大顯身手，事實上他們往往無福消受。

Vicky 這本書對於「基本功」有很多著墨，比如電梯遇到公司的最大咖，很多人可能避之唯恐不及，比如在中部的醫學中心，那個畫面就是醫學生在電梯裡巧遇蔡董，大多數人一定頭低低的，想說這趟電梯跑得越快越好。Vicky 筆下給我們截然不同的建議，而這份建議，很可能就此改變一個人的命運。

某一天公司要你招待不諳中文的外國客人，剛到職的外場服務生不諳英文，老外用英文講牛排熟度，接下來你的責任就是精準地翻譯給服務生聽。

很多中菜餐廳水準提升，不再是每道菜旁邊擺一副公筷，而是每個人的座位上有一雙專屬公筷、一雙私筷。用餐過程一定會有人搞錯。請問你是絕不會搞混，若有人詢問，還能不失風度、耐心解釋筷分公私的紳士嗎？若然，眼前看不到的機會，再不久的將來，可能就是你的。

這是一本職場新鮮人的「轉大人遇貴人」手冊，更多的「鋩角」（mê-kak），就讓 Vicky 來告訴你。

（本文作者為年度暢銷書《人生路引》作者、醫師）

推薦序

別顧著追求專業，卻輸在「好感度」！

歐陽立中

記得有次，我背包壞了，決定到百貨公司專櫃買個新的。我來到 A 專櫃，專櫃小姐跑來介紹背包，她對產品瞭若指掌，談吐間感受到對自家產品的信心，講得我都心動了。只是我還想多比較幾家，所以禮貌性地告訴她說，我再逛幾家看看。這時，專櫃小姐說了一句話，讓我至今印象深刻。她說：「去啊！我相信你一定會再回來的。」我忘不掉她眉宇間的神氣。

最後，我買了另一家的背包，沒再回去。

說實在，從專業度來看，那位專櫃小姐絕對優秀；從態度來看，她有問必答，也沒怠慢顧客。可問題來了，為什麼我最後卻不想回去跟她買呢？

答案就在好感度教練 Vicky 的新書《扛起來，就是你的！》。關鍵點就是「好感度」三個字。其實當時，我是有想回去買的念頭，但我一想到，要是真的回去跟她買，她一定會說：「我就說吧！你一定會回來。因為我們家的背包就是比別人好。」她說的也許是對的，但我想來就是不舒服，覺得好像自己很笨，多走一遭，最後還要被數落。

這位小姐專業度滿分，但在我心中的好感度卻不及格。

偏偏，在職場上，專業度有具體標準，但好感度卻抽象難測，以至於多數人不斷追求專業度，卻忽略好感度。直到業績下滑、錯失機會，還不明白為什麼會這樣。因為好感度很主觀，別人在心裡默默打分數，卻不會告訴你原因。

只有 Vicky 才會跟你說真話。所以，你準備好聽真話了嗎？

比如說，當你進電梯，發現老闆也在。你會保持沉默？還是把握機會跟老闆多聊幾句？我猜，你明知道該聊，最後卻還是保持沉默，對吧？因為怕尷尬嘛！但好感度教練 Vicky 教你精準聊天四步驟：表明身分→辨明對方看場合說→話在於精。原來，好感度是把握每一次見面機會，小聊幾句，慢慢累積而來的。

又比如跟客戶溝通時，我們都知道要站在對方的角度思考，但最後還是不斷「我、我、我」的一直說，到底該怎麼辦才好呢？好感度教練 Vicky 拿出「傾聽」

這個壓箱寶，告訴你傾聽不是點頭裝認真就好，而是有層次的。第一階段叫「掌握訊息」，第二階段是「描繪情境」，第三階段進而「創造價值」。

你遇過的困難，Vicky 都遇過。但她最厲害的是不斷思考破解之道，最後練就「好感度」的金鐘罩。人在江湖、身在職場，哪有人不委屈？哪有人不辛苦？與其抱怨、謾罵、擺臭臉，不如把《扛起來，就是你的！》好好讀幾遍，試試看 Vicky 傳授的溝通應對技巧，當你的職場好感度提升了，成功還會遠嗎？

（本文作者為爆文寫作教練、暢銷作家）

【目錄】

PART 2

識別度，就是讓你跟別人不一樣

PART 3

視覺度，讓你深得客戶信賴

PART 6

團隊成就，勝過一人成功

前言

想得貴人相助，你要提升職場好感度

感謝方智出版社邀約，我才能將過去的經歷整理成書，獻給讀者；專案企劃佩文溫柔地提醒稿件進度，責編孟君接手也將細節修得很精緻，還出動我婆婆這位退休多年的資深編輯幫我校稿，給予初次出書的我許多寫作上的精闢建議。

回顧這幾年，從職場新鮮人到帶領團隊，無論是嚴謹的金融業、婚禮活動娛樂產業、醫療業，或是生活服務業，雖然跨足不同產業，但同樣得面對客戶的高度要求，我能順利走來，若不是貴人相助，著實很難向上提升。

要贏得貴人的好感與幫助，我將成功經驗整理成六大面向，供讀者參考：

第一印象，決定你的機會：我很珍惜與我互動的每位貴人，從初次見面禮儀上的自我要求，處處展現我對前輩的高度尊重，貴人也因此總能帶給我人生轉折和新的發展機會。

識別度，就是讓你跟別人不一樣：剛出來創業的我，最苦惱的是自家銷售的產品跟他人銷售的產品並沒有特別不同；但我還是業績長紅，讓客戶特別鍾愛，因為我設法在與他人的互動中創造多層次的感官享受，才能在服務上為自己建立與他人不同的識別度。

視覺度，讓你深得客戶信賴：在給他人的視覺感受上，我也體悟到視覺的溝通、儀式感和專業形象的重要。

精準度，溝通順暢無礙：在與他人溝通的過程，表達上要追求精準、效率和清晰，溝通起來更順暢。

應對進退得宜，好感度加分：除了說話之外，其他應對進退得宜的禮儀互動也能提升好感；每一次與他人互動前，我都會在腦中演練，希望舉手投足間讓人留下好印象。

團隊成就，勝過一人成功：在職場上要走得長久，就不能只追求一人成功，而要有團隊成功思維，因此與他人溝通合作的技巧就很重要，能創造團隊專案成就的人就能成為成功的領導者。

雖然我一路受到許多貴人眷顧，但從來不覺得職場工作是件容易的事，要提升自己在別人心中的好感度，更是難上加難。我不是一路順遂不掉坑，書中也會跟大家分享跌跤的經驗，希望可以減少你失敗的機會。尤其你我身處網路時代，因為資訊爆炸而注意力稀缺，要與人真實面對面的機會更是難得，好不容易見到前輩或客戶，要是失敗，可能就沒有下次了。在求學求職過程中練就一身專業本領的你，需要更多軟實力來協助你爭取職場的資源與機會。

有鑑於過去闖蕩職場江湖遇到許多貴人相助，希望這本書也能成為你的貴人，讓你留意之前工作及生活中比較沒有注意到的小細節；但也提醒，別拿這些細節要求別人，而是要求自己，只要比同事多在意一些細節，你就能脫穎而出，獲取更多被賞識、表現和團隊合作的機會。

感謝從不放棄的自己，更感謝一路以來幫助我的貴人，實在太多，怕一一列舉難免遺漏，我有機會一定個別致謝。期待各位讀者貴人也能將此書推薦給你身邊的夥伴。

·Part 1·
第一印象，決定你的機會

把瑣碎工作做到極致，讓人看見你

對大部分的人來說，盡全力做事很簡單，但做一段時間後，難免職業倦怠，覺得老闆主管怎麼都看不見自己的努力，這時不妨多留心原來工作流程中的細節，找到讓人對你留下好印象的契機。

還記得我初入職場就擔任董事長祕書，整整三個月都在做些瑣碎的基礎工作，大部分是蒐集資訊、整理資料，超級枯燥。

跟我同期進公司的夥伴，有的沒多久就選擇離開，我卻堅持留了下來。整理資料不枯燥嗎？怎麼可能不枯燥！但是待在董事長身邊，每天都像開寶箱一樣，被交辦許多新任務，學新東西的快樂比枯燥來得更多！當然，因為經驗尚淺，每次交出董事長交辦的任務成果，都很難一次就受到認可。

工作再簡單，也能做出價值

董事長每次看到我整理的資料，就笑說：「妳只是複製貼上內容，老闆需要這樣的資料嗎？」

第一次發邀請函，就被打回數次，老闆也不給答案，要我自己去找。

第一次主持大型活動，我寫了一篇特別熱血沸騰的稿子，被前輩批評：「主觀情緒太多，妳的冷靜和客觀在哪裡？」

職涯起步那幾年，我就像這樣發現問題、解決問題、提高水準，然後再發現、再解決、再提高，無限循環。

有次我被老闆批評後，特別認真地問：「您總是批評我們，就不怕打擊我們的信心嗎？」

他的回答我至今記得：「批評妳並不等於否定妳。如果我要否定妳，直接請妳離職就好，何必浪費唇舌？就算是否定，我個人的否定對妳而言也不可怕，外界客戶對我們的否定才可怕！」

從那天起，我就多了更深一層的體悟：剛進入職場前幾年的年輕夥伴，學會沉濺和不斷學習，給人留下一向穩健且上進的好印象，是職場成功的不二法門。

✿你真的把工作做到極致了嗎？

我有位好朋友小何大學畢業後到健身房工作。因為是新人，他被安排接下基層職務，每天做的都是瑣碎的事。一段時間後，小何有點不開心，說自己比很多人都能吃苦，而且兢兢業業，為什麼老闆都看不見？後來，他忍不住向主管表達自己的想法，沒想到反而被調去客服部負責盯場工作。

我常去那裡健身，有一次運動完，小何跑來跟我訴苦。於是我問他，「你覺得自己應該做什麼工作？」

小何說：「至少做些技術性高一點的，我才能學到東西啊！」

我說：「如果把這份工作做到極致，換工作才有意義，你覺得自己做到了嗎？」

小何說：「盯場這麼簡單的工作，我當然做到極致啦！」

我坦白告訴他：「我覺得沒有。以盯場為例，我常發現有些場地服務沒做到位：沒有學員等待的區域，工作人員的位置也有點髒亂；飲水機是運動完大家都會去用的設備，宣傳告示卻沒有放在旁邊，而是放在二十步以上的距離外，大家根本沒辦法發現健身房推出新活動，你覺得現場的設置合理嗎？」

小何想想說：「可是我接手時，這些東西本來就是在那些位置啊！」

我說：「前人的做法不一定正確，你是負責管理盯場的人，卻沒能思考與時俱進。另外，你們一共三個人在現場為大家服務，你注意到每個人的分工安排合理嗎？」

小何有點不服氣：「這是老闆安排的，不是我的工作。」

我忍不住笑了：「老闆不一定會天天進現場，你就有責任當他的眼睛，把每一個人安排妥當。如果不是你份內的事，也許可以向老闆建議一下，給他充分的資訊去留意或定奪。只知道做份內的事，眼裡看不見其他相關細節，你真覺得自己把工作做到極致了？」

✿工作能力從量變進化成質變

多年職場經驗教會了我兩件事：

第一，注意每一個細節；會讓你更敏銳，考慮更周全。

第二，從細節中尋找關鍵，能讓你完成從量變到質變的進化。

對大部分人來說，盡全力做事很簡單，但是做了一段時間，熟練流程後，工作會變得枯燥乏味，心情浮躁，則會產生職業倦怠。這時，我們可以開始注意原來工作流程中的細節，不只是把一件事做到一百分，也不只是把一件事重複做一百次。

重複做一百次的同時，也盤點這一百次之間的差異，設法優化流程，讓工作更有效率，讓自己在接受交辦任務時，更有餘裕將事情考慮周全。

前人留下的做法可能不合時宜，那就與時俱進，修正流程。初入職場，不要因為被派任的任務很基礎枯燥，就選擇放棄；**平常認真勤奮工作之餘，不忘從工作細節中尋找關鍵，讓你的能力從量變提升為質變，**你的表現絕對能給人留下好印象。

偶遇也有辦法留下好印象

一般人偶遇老闆、跟老闆打招呼之後，
就沉默不語，
然而這樣一來，就失去一次讓老闆對你留下深刻印象的機會。

相信很多人都有類似的困擾：明明好好說話就能搞定的事，為什麼總被我搞砸？已經很努力了，為什麼老闆還是不賞識我？為家人付出了這麼多，老公不理解，婆婆也不待見？

✿巧遇老闆，可別沉默不語

如果你的公司規模大、人又多，你應該很難見到大老闆本尊，好不容易跟大老闆搭到同一部電梯，你會怎麼做？通常大家跟老闆打招呼之後，就沉默不語，然而這樣一來，就失去一次讓老闆對你留下深刻印象的機會。

老闆隨口問一句：「你最近怎麼樣？」

你會怎麼答呢？

可能隨意回：「很好！」但接下來如果又是全程和老闆相視無語，老闆也不會想跟你繼續說話。

如果你急於表現：「最近超級忙，每天都加班到十點，為了趕專案有操不完的心。」老闆聽了可能只覺得是你欠缺能力。

如果你開始報流水帳：「我上午在研讀客戶資料，中午約客戶見了面，下午開始寫文案……」老闆更覺得你敘事缺乏邏輯能力，好像怎麼說話都不太合適。

不懂溝通的人，往往「好心辦壞事」，導致失敗成為常態。不懂得溝通不懂會給人情商低的印象，還會因為一張嘴，搞砸整件事。相反的，懂得高情商溝通的人，總能四兩撥千斤，化腐朽為神奇，常與成功相伴。

❀會說話的人，人人想跟你做朋友

在一個綜藝節目上，一名年輕藝人當著主持人何炅的面，直言在湖南電視臺只認識何炅，不認識另一位同樣赫赫有名的主持人汪涵。這樣的場面，想必主持人聽了無論點頭贊同還是直接否認，都會顯得尷尬。沒想到何炅卻機智回應：「那你肯定不紅，因為紅的人都必須要上過汪涵老師的節目。」

會說話的人，既能巧妙地給朋友留面子，又不顯得自己虛偽做作；既不用靠貶低別人來突出自己，也不必妄自菲薄來抬高他人。

誰不想和這樣的人做朋友呢？正如蔡康永所言：「你越會說話，別人就越快樂，別人越快樂，就會越喜歡你；別人越喜歡你，你得到的幫助就越多，你會越快樂。」

說話是一項綜合實力，代表著你的情商，體現著你的思想、素養和眼界。無法好好說話的人，很難被生活、職場和家庭青睞。

擅表達、會說話是一項人人必備的謀生技能，也是這個時代最好的自我投資。

在人際關係中，會說話的人有分寸感，知道什麼場合說什麼話，讓別人愉悅也不為難自己，得體地拒絕別人而不傷及感情，有技巧地處理和影響他人的情緒狀態。

在職場中，會說話的人，能不卑不亢地尋求上級支持，有技巧地催交報告，避免尷尬回應人事變動，有說服力地號召同事參加活動，巧妙談論辦公室敏感話題。

在家庭中，會說話的人，能讀懂對方的言外之意，換位思考，用各種相對滿意的方式化解矛盾，說好話把生氣的對方哄開心。

說話有分寸，是一個人的最高修養。

❀下次跟老闆一起搭電梯，你可以這樣說

掌握偶遇他人的說話原則，就算需要臨場發揮，你也不怕：

1. 說清自己的身分。
2. 辨明對方的身分再說話。
3. 看場合，再說話。
4. 話在於精，不在於多。
5. 說話多半是在表達心境，穩當的話都會配上沉穩的神情。

6. 平常留心練習，累積閱歷。

再回到跟老闆一起搭電梯的情境，你可以依照公式這樣回答：

說清自己的身分：「我是行銷部門的 Andy。」

辨明對方的身分再說話：「董事長您可能不認識我，向您介紹一下……」

看場合，再說話。比如：在電梯中至多只有一分鐘的表達時間。

話在於精，不在於多：「我們部門最近都專注在母親節專案，雖然工作到很晚，但目前都還算順利。」

平時有機會就留心練習，說話時不忘神情沉穩，如此一來，你不但跟董事長介紹了自己是誰，還把同事、主管拉進來，一起共享功勞，同仁和老闆也會喜歡你。

記得大學剛畢業找工作時，我曾有過一次難忘的偶遇經驗。

那時我每天努力模擬面試，並隨身攜帶自己的履歷表，也跟著尚未退休的母親一起通勤上下班。有天在回程捷運上，我跟母親討論今天面試回應的內容和修正方法，想不到隔壁恰巧坐著一位銀行主管，聽到了我們的練習對話，覺得我很有潛力，就邀請我去公司面試。我也順勢遞上履歷表，抓住機會向對方好好介紹自己，最後還因此順利找到了工作！

掌握時機說話，好好表達你自己，即使過不上如魚得水的人生，也能獲得不委屈的名聲。

扛起來，就是你的！

俗話說：「不會打的怕會打的，會打的怕不要命的。」
有擔當，就有機會，
對事不推諉，你就是老闆眼中「對的人」。

同樣的學經歷、在畢業季同時被公司錄取為同梯的同事裡，有人工作了十幾年，卻感覺他的能力層次、認知水準都停留在職場三年內的水準，而有的年輕人才剛出社會沒幾年，卻表現出超越工作年齡的經驗和談吐。

到底是什麼決定一個人在工作上的成長速度呢？

答案就是：**你的「擔當」**。

✿擔當決定機會

俗話說：「不會打的怕會打的，會打的怕不要命的。」可見在大多數人眼裡，把勇敢排在技能之前。

勇與個人謀利行為結合，即為私勇；與社會責任結合，即為擔當。

我有位朋友在一家中型製造企業擔任基層管理者。有次他的公司與合作廠商發生金錢糾紛。因涉及一些說不清楚的矛盾，該合作對象不想走正常的官司法律程序，糾集一幫流氓鬧進公司，把董事長團團圍住，要求按他們的意思解決問題。

這時候公司員工、中階主管與高層都怕事，怕引火自焚而退避開來，唯有這位朋友趕緊先聯繫警方，再好言好語假意配合，陪在董事長身邊，等警察到場把雙方帶進派出所，事件才告一段落。

事情平息後，朋友被破格提拔為副總裁，一年之後又升為總裁。他後來十分感慨：「要是沒有發生這起事件，按論資排輩，這個總裁位子估計一輩子也輪不到我。」這是他實至名歸、敢於擔當的回報。

我當然不是鼓勵各位跟他人起正面衝突，但對企業而言，決定生死存亡與發展的不是常規人才，而是勇於擔當且有才幹的超常人才。

為了發現勇於擔當的人才，有遠見的企業除了常規的績效考核，還採取「關鍵行為考核法」，注重在非常規、例外、不尋常的重要事件中，發現表現突出的出色人才，作為未來各方面的接班人來培養。

擔當就是勤於「扛事」

其實職場中不乏有人願意扛事。我有一位朋友大學畢業後立刻被大型網路公司聘用，一開始只是普通工程師，工作第二年就連升兩級，成為中階經理，管理四、五十人的團隊，負責所有後端技術與許多產品相關工作。

他跟我分享，他常在做完自己的工作後，對於大部分同事的問題，只要能幫忙解決的他都去做，做事從不設邊界。當時他負責技術，但遇到產品與銷售上有問題，也會積極參與討論解決方案。公司的銷售總監要求一起去見客戶，他也滿心歡喜答應，因為可以親眼見到一場厲害的銷售。

正是這種勤於「扛事」的責任心，對整個事業的熱情及全面能力的快速成長，使他從平凡變得不平凡，在人群中閃閃發光，脫穎而出。

❀擔當就是敢於「扛雷」

我曾聽一位在銀行當主管的朋友說起，在他們單位有位客戶關係部經理Ａ姐，處理的工作都是棘手的客訴案，往往涉及好幾個部門，但只要她接手，就會負責到底，從不推給其他部門，即使受到人身威脅、面對惡意，也不曾退讓半分。

有擔當的人，不怕困難，不怕吃虧，還勇於扛雷，就像這位Ａ姐一樣。

特別是擔任承上啟下的中階管理幹部，這個位置不容易坐。你要想讓上上下下大多數人滿意，得到所有人支持，就得有「扛雷」精神。

❀擔當就是勇於「扛責」

十幾年前，在ＳＡＲＳ期間，一家小公司老闆曾抱怨因為他們的行業性質，客戶不會主動找上門，業績蕭條，員工也因此無事可做、無班可上，不少同行公司便歇業了，因為這樣就省了發工資的費用。但他並沒有歇業，而是繼續讓員工休假，跟員工討論休假期間減少發放工資，但還是繼續聘用全體同仁。

SARS過後，那些歇業的公司，有的需要重新招人，重建團隊費了很長時間，元氣大傷，而他則趁機獲得搶占同行市場地盤、迅速發展的機會。

擔當就是勇於「扛責」，指的是老闆或主管要對用戶、員工、股東做到徹底負責，必要時要有犧牲精神。

在《鐵達尼號》這個根據真實事件改編的電影中，用僅有的救生艇送走了婦女、兒童之後，在船沉沒之際，船長走進船長室，選擇了與船共存亡，這就是一種擔當精神。雖然在現實職場不用這樣犧牲性命，但是這樣扛下，別人才會信任，才敢登上你的船，願意跟你一起遠行和奮鬥打拚。

想賺大錢的人多，想做大官的人多，想大放異彩的人多，但有擔當的人卻很少。總結一下，到底什麼是擔當呢？擔當是超越一般的負責範圍，意味著你想要超越自己，擴大了你的重負與責任，也擴大了你的影響力與領導力，更擴大了你的潛力與未來。

有句話說：「心有多大，舞臺就有多大。」

其實，更接地氣的說法是：「**擔當有多大，舞臺才有多大！**」

一個人有多大擔當才能幹多大事業，盡多大責任才會有多大成就。

創造共感，拉近你與他人之間的距離

當別人有需求時，第一個會想找你幫忙嗎？
創造提供給他人價值的「共感」，
正是你累積個人品牌好感度的關鍵。

因為熱愛在眾人面前說話的人格特質，讓我投入主持工作的初期就得到許多工作邀約；但奇怪的是，在舞臺上明明妙語如珠，帶動氣氛完全不是問題，一切都掌握在我手中，但走下舞臺、回歸平靜之後，卻常跟他人溝通不順，甚至偶有爭執。

當時的我完全不理解，明明工作成果讓客戶滿意，表示我的工作能力沒問題，但別人給我的評價是：要跟我一起工作，得非常忍耐。

後來我才漸漸理解，工作能力雖然重要，但團隊和諧相處也是許多公司重視的環節，能與他人拉近距離、建立感情，也有助於專業工作上合作順利，提升工作效率。

想像一下，你打開社群媒體會接收到各種資訊，除了主動想了解的內容之外，更多的訊息都在伺機而動，等著吸引你，搶占你的注意力。

同樣的道理，**拉近與他人的距離就跟經營社群一樣，想辦法獲得他人的注意力是重點**。不過跟人拉近距離並不是嬉皮笑臉耍猴戲，只想討人喜歡，這樣在職場上是沒辦法走得長久的。拉近距離要思考如何強化你與他人之間的連結，以及我們最終創造的成果，這個連結的成果，就是累積你的個人品牌好感度。

品牌好感度如同在別人心裡占有一席之地，對你的喜好展露無遺。當他人越認同你，越常與你有連續接觸，無形中會漸漸產生認同，如此不斷循環，從而昇華，留給他人好印象。

✿創造共感三認知

《Cheers 快樂工作人》雜誌的品牌調查裡清楚提到，在經營品牌上，除了自身產品定位外，還要考慮你能否創造他人跟你同步的精準價值。因此經營個人品牌好感度時，可以從以下三個問題來思考：

- 你為他人帶來什麼價值？
- 這些價值是否有一致性，讓人一有需要馬上想到你？
- 與他人互動的反饋機制為何？

舉例來說，我開設的課程中，有一門主題是「公眾表達」，這堂課帶給學員的價值是：當你需要面對眾人說話時，可以利用課堂上學到的技巧，快速上臺言之有物而且不緊張。為了讓價值有一致性，學員或潛在學員有需求會馬上想到我，因此我在官網也分享一系列相關文章，從不同角度切入，告訴學員如何上臺表達。在文章旁邊也設有按鍵，有任何問題都可以直接傳訊息問我。像這樣透過帶給他人價值，同時也累積我在學員心中的價值，因此獲得更多的學員與推薦。

我有位學員是房仲，每次出席社交場合雖然不一定穿公司制服，但都會穿著與公司 logo 相似的主色；在臉書上，也常發文訴說他成交的美好故事；我平常找他，

用自信快速獲得客戶信任，提升你的陌生開發勝率

被拒絕是業務的常態，
而那些頂尖的業務員都能輕鬆突破這一點，
他們的能力與勇氣是從哪裡來的？

應該沒有任何品牌不需要新客戶吧？

獲取新客戶最重要的技巧之一，就是「陌生開發」。

我還記得剛擔任業務工作時的首次開發，面對眼前的陌生客戶試圖銷售產品，跟對方互動，卻完全不知道該怎麼開口，只換來結凍的冷場；為了打破僵局，我只好拚命說明產品，結果對方只覺得「又被推銷了」而拒絕。我很清楚這不是產品或服務沒有市場，而是業務推廣缺少了一套陌生開發市場的有效方法。

「陌生開發」英文是「Cold Calling」或「Cold email」，字面上的意思是：透過電話、約見面或電子郵件，聯繫先前從來沒有互動或接觸過的客戶。

「陌生開發」難道就只是向陌生人進行銷售嗎？這樣的定義有點狹隘，更廣的意涵應該是一種業務開發的流程，透過這個流程幫助業務人員找出、識別及吸引潛在客戶進到業務的銷售流程之中。

以往我想蒐集陌生客戶的名單時，大多會參加相關主題的商業展覽或是演講，並在會場內蒐集陌生客戶的名單。然而到了現在，除了雙腳走透透外，還可以善用新時代的行銷工具，來吸引潛在客戶，也就是利用「網路陌生開發」。好比保險或店家陌生開發，都可以結合網路進行，但不論陌生開發工具如何變化，最重要的核心價值仍然不變。

✿在小細節加深連結度與信任感

除了借助線上平臺來蒐集陌生客戶的名單，業務在實際銷售的過程中，還是需要在線下跟陌生客戶見面。俗話說「見面三分情」，面對面溝通可以產生更深的連結和信任感，以便後續創造更多商業合作的機會或長期關係。

在線下的陌生開發時，業務人員最常見的一道關卡，就是克服內在的自我，也就是「勇氣」。會出現這種疑懼的心情，往往都是因為害怕被拒絕、還沒開始就心生挫折感。

被拒絕是業務的常態，而那些頂尖的業務員都能輕鬆突破這一點，他們的勇氣是從哪裡來的？跟梁靜茹借嗎？當然不是，這之間的差別是對自我肯定的「自信心」。

自信都是從一次次的陌生開發中不斷淬鍊出來的。而能夠累積成功經驗，來自於我們事前做好充足的準備：對產品或服務的熟悉度、對公司的認同感、對市場的敏銳度等專業能力，都能夠讓對方感覺到「交給我們沒問題」！久而久之就串連起信心培養而成的正向關係循環。

自信心←來自成功經驗←來自陌生開發互動良好←來自贏得客戶信任←來自你的專業能力。可以說自信心的來源也就是成功經驗加上對自己能力的肯定，贏得客戶的信任感，而信任感源自業務人員的專業度。

每次我去「陌生開發」的前一晚，都會有個增加自信心的儀式，除了再次研讀隔天需要做簡報的資料之外，還會瀏覽對方品牌的主色，將他們公司的主色巧妙地呈現在圍巾、別針，或是皮帶等穿上；穿搭是我個人的愛好，也透過外在衣著，在無形中增加我的自信心。因為穿著巧妙地安排對方視覺上習慣的主色，也能暗示他對你產生順眼的好感。

掌握陌生開發核心原則：展現你的專業

贏得客戶的信任感，必須透過溝通過程累積而成。在客戶面前能否贏得信任，包含：第一印象是否良好，以及拜訪前是否準備完整，有沒有了解客戶狀況，這些細節上的關注，都能夠展現你的專業形象。

在對談之中怎麼展現專業？當客戶提出問題時，不只給出「是」與「否」的答案，而是能夠借助事前準備的資料，來支持相關論點，包含：產品特點、競爭者比較、整體市場分析、業內的趨勢，以及提供給客戶各種價格的方案，還有哪些活動能夠來搭配組合等。

這些回應的過程需要經過千錘百鍊的實戰，才會知道怎麼解決這些問題，並能夠詳盡有條理地讓客戶秒懂。如果在回答過程中吞吞吐吐，陳述邏輯也零散沒重點，很容易被客戶點出問題並卡住，顯得不夠專業。

每次我被拒絕時，都沒有時間沮喪，離開對方公司之後，趕緊找間便利商店做筆記，記錄剛剛哪裡回答得不順，我可以怎麼改進的新說法。

當然，**遇到自己真的不會的問題，也不要胡亂猜測，或是硬要回答，可以先回覆客戶「這個問題很好，不過還需要回去進一步請示主管」**，允諾客戶經過內部開會討論後，會盡快給予專業的分析回覆。

快速獲得客戶信任感的三種展現方法

專業能力的展現，需要透過持續的學習與練習，只要熟練運用，就會知道面對問題時該怎麼應對，客戶也會感受到我們的「專業度」，放心地長期合作下去。

以下統整三種能夠呈現出你專業的面向，分別是：技巧面、策略面、心法面。

①技巧面：業務開發技巧

事前的準備規劃，包含話術，拜訪心態等。例如：與客戶第一次見面，言談舉止必須給對方良好的印象，儀容得整齊，以及引導對話時能否激發對方的興趣與好奇感，這會影響後續合作的效果。

②策略面：驗證想法，切換看待問題的視角

交流的過程中，不只是聽到對方說了什麼，還要能覺察對方沒有說出的話語，以及沒被察覺到的問題點。

換句話說，當客戶提出問題時，並非只是想怎麼處理，而要先以同理心思考「問題背後的問題」。這時就需要調整思考問題的角度，可以運用「5W1H分析法」來一一驗證。

藉由切換看待問題的視角，而非只看到問題本身。**最簡單直接的實際操作，就是把「怎樣才能銷售出去」，轉換為「如何幫助對方創造價值」**，透過更長期的眼光來看，你看到的會是未來，而不是只有現在，也會知道客戶的問題是故意刁鑽，還是有利於後續彼此創造價值。

③心法面：站在客戶的角度來思考問題

在跟陌生客戶溝通時，要能專注傾聽對方的需求，了解對方的想法。聆聽的過程，可大致分成三階段：

- **第一階段，掌握資訊**：去了解對方談話的過程，大家都在聊什麼、在意什麼樣的特點，以及擔心什麼事。
- **第二階段，描繪情境**：接著進一步思考為什麼會想要購買、買回去的使用狀況，從使用情境來思考，包含購買中、購買後會碰到的狀況。
- **第三階段，創造價值**：針對這些狀況，找出商品能為對方帶來的價值，並進一步提出假設問題來驗證。

最後提醒，你在業務銷售過程中，應該把客戶當成朋友來看待，透過協助他們，如何幫對方創造價值，來達成雙贏，而不只是單純賣產品，把對方當肥羊或敵手來看待。

掌握客戶都會擔心和在意的資訊，盡量多用情境式描述使用狀況，說明可以如何為客戶帶來改變的價值。

出發見客戶之前，也不忘找個幫心充電的儀式，以我為例，我的儀式很簡單，會依照今天的行程選一雙鞋：平底、高跟或球鞋；談大案子時，還會加上項鍊、首飾，除了增加信心，還能讓客戶專注看著精心打扮的妳；現在因應疫情，還會買不同花色的口罩來搭配。

就算最後失敗了，也不要花太多時間沮喪，趕緊做筆記，回想並修正剛剛的話術。長期累積下來，你一定會感受到自己變得無往不利，身邊充滿機會。

‧Part 2‧
識別度，就是讓你跟別人不一樣

做出服務差異化，讓顧客對你死心塌地

客戶只在特價時才買你家產品與服務，別家便宜就跑到其他地方消費了嗎？人不只會追求利益上的忠誠度，掌握客戶不同的需求，讓他從此離不開你。

大部分業務都是銷售公司設計好的相同商品，例如：保險員推銷制式的壽險保單，那麼業績該如何在同事之間脫穎而出？我認為要做出服務差異化，才能提升顧客忠誠度。

顧客會想選擇我們的服務並持續往來，或介紹更多新客戶，不只是喜歡我們提供的商品，更重要的是因為我們提供給顧客想要的服務價值。

❀客製化服務，滿足產品以外的多元需求

現在網路發達，人們很容易在線上搜尋到任何想要的資訊，因此顧客更掌握主動的選擇權，一旦對服務不滿，也容易選擇其他品牌，以獲取更符合自己需求與更好的消費品質。

舉個例子，無論自由行或團體出遊，現在旅客訂機票都習慣透過網路訂票，對旅遊業務的需求大幅降低，但也延伸出另一種服務模式。

我有一個在旅行社當業務的朋友小林，在服務的過程中，除了產品本身的內容外，他還能夠滿足客戶在情感、精神與物質等多方面的需求，我們也因此成為離不開他的忠實客戶。

有一次，我計劃送長輩出國旅遊，先在網路上找到許多旅遊方案，多方比較之後實在無法下定決心，詢問小林的意見後，他極力推薦我直接找同業的某家知名旅行社，因為他們經常合作，服務品質和內容也比較令人安心。後來我們聽從他的建議，長輩回國之後，也表示對這一次的安排感到非常滿意。

我回頭分析小林的做法，他跟其他旅行社聯盟合作，即使自己的旅行社沒有提

供相關服務，他依然視客戶情感上的喜好需求，從旁協助推薦，並獲得客戶的信賴。

又有一次我們在泰國旅遊，準備回臺灣的當天，在飯店打包行李時，接到小林特地打國際電話通知我們，不要現在就去機場，因為飛機零件故障檢修，不知道要花多少時間才能修好。而且他打電話之前，就已經先預訂好後面的班次，直接詢問我們是否要改搭其他航班。他的細心服務，讓我們不但不需要在機場空等，也有其他班次可以選擇，這通國際電話讓我在精神上感覺像個VIP一樣，感受到滿滿的安心與支持。

每當有優惠機票推出，小林也都會主動提醒我們購買或更換，荷包因此省了不少，物質滿足度也跟著提升；後來疫情爆發，大家無法出國，小林更轉型專營國內票券，我們這些老客戶常常幫著他揪團，一次就購買數十張。

從訂機票服務到他轉型後銷售的商品，雖然內容不同，但他的做法多年來累積了許多忠實客戶，我們都希望由他繼續服務下去。

✿人不只會追求利益上的忠誠度

不過也不是所有客戶的忠誠都屬於同一種，大致可以分成五個類型：

習慣忠誠

你用同一款產品十幾年，這種忠誠度來自習慣，或是對於轉移產品感到複雜、嫌麻煩，只要沒有出現太大問題，就會繼續選擇這種不費力的服務。就像家裡安裝的第四臺一樣，申裝之後除非有搬家等其他較大的變動，用戶通常會一直使用下去。

記憶忠誠

基於過往記憶帶給你的情緒衝擊感，你會想再感受一次。像一些老品牌經營，不僅靠著口碑傳遞品牌，更是一代一代人共同的記憶。森永牛奶糖即使出了很多系列，也不會忘記原有的招牌牛奶糖，即使我們長大不太吃了，偶爾還是會想回味，甚至在許多婚禮中給的紀念小物，都會看見它的身影。

好處忠誠

顧名思義就是累積好處，當兩家餐廳都提供同等的餐點與服務時，如果某家會鼓勵常來的顧客集點換免費餐點，人們會更傾向選擇能夠為顧客帶來好處的餐廳。很多航空公司會以里程數來禮遇旅客，培養顧客忠誠度。

感受忠誠

使用新產品或服務時，帶來的全新感受超越以往。例如：智慧型手機出現後，人們自然轉移到新型手機上。因為過往的按鍵式手機無法帶來更優質、強大的操作功能，即使過往大多數人都用諾基亞，後來還是全轉向了蘋果等智慧型手機。

精神忠誠

這一點屬於精神層面，也就是認同某一品牌的信念時，人們會傾向選擇與自己價值觀相符的產品與服務，進行選擇性購買。人們更願意去星巴克，就是因為星巴克帶來的精神感受更高、更有品味，比起一般咖啡明顯有精神上的區別。

想進駐客戶的心，就要明白，人不只是追求利益上的忠誠度，還會在乎其他層次的需求。想提升顧客忠誠度，就要思考顧客的需求是在哪個層次。

抓對客戶的需求層次

針對客戶重視的價值觀、身分與影響力，依他們的精神、情感和物質層次更細緻地劃分，如以下列表：

培養顧客忠誠度	需求類別	忠誠度重點	應用
情感層次	價值觀	給予價值感的直接展現	顏色、喜好、聯盟合作
精神層次	身分感	創造與一般顧客間的區別	VIP
	影響力	能夠影響其他人	權力給予、參與活動
物質層次	物質利益	金錢或物質上的給予	贈品、降價

培養顧客忠誠度，就需要思考不同的顧客會有不一樣的價值需求，有的需要影響力，有的需要身分禮遇，有的則只需要物質上的滿足。

禮遇忠實顧客

除了建立忠誠度，顧客還要持續回購消費，這樣的「可持續性」才能帶來真正的價值。除了掌握前面各種顧客忠誠度的型態，最後還要基於「時間的增加」給予客戶不同的禮遇。

我曾擔任信用卡客服代表，公司會將不同級別的客戶分配給不同的客服人員，不夠資深的同仁是不會接到ＶＩＰ客戶電話進線的。如果是更高級別的無限卡客戶，在輸入身分證字號之後，會直接跳轉高階專員為他服務。這些機制都是為了讓客戶在與客服人員互動中享有特殊的尊貴感受，讓他明顯察覺到我們給予忠實客戶的「不同待遇」。

要讓客戶自己感受到由時間堆疊出來的成果，也就是讓老顧客和重要顧客的長期忠誠被看到，這是對人性虛榮與特殊權力的需要，而顯現的「特殊感」。但再次提醒，這種特殊感還得是對方想要的才能見效，也就是前面提到顧客需要哪種層面的忠誠度。

當你滿足了顧客忠誠的需求層面，以及依消費次數給予不同禮遇時，這種對顧客來說「對」的價值感與品質，才會讓他們離不開你。

五感設計提升人際好感度

看起來順眼嗎？聽起來悅耳嗎？摸起來柔順嗎？嚐起來、聞起來心情愉悅嗎？給對方五感互動體驗下不斷醞釀的情緒感受，就能強化人們的記憶點。

隨著人們生活品質不斷提升，也對此更加重視，購買產品與服務不再只注重功能性，更追求能否展現生活品味。在現代職場上，要如同銷售產品一樣提高我們個人的識別度，善用五感設計，能幫助你提升整體韻味，運用空間設計、光線色彩、材料質感等細節，將物質層面提供的感受轉化成精神心靈的層次。

比如法國時尚品牌ＬＶ聘請國際調香師，調製出一套專屬ＬＶ的香味，讓特製的香味圍繞在旗艦店內的購物環境中，增添嗅覺記憶點，加深顧客心中的品牌印象，同時提高客戶停留在店內的時間，增加成交機會。

我從事主持工作多年，在舞臺上的表現代表客戶想要傳達的感受，但是「感受」是形容詞，要具體化客戶想要的氛圍才是重點。

比如今天我要主持一場頗知名的藝術家畫展的開幕式，客戶想表達的重點是「畫展」「藝術」「互動活絡」。但這些根本不足以讓人知道藝術家要呈現什麼，或如何帶動氣氛。這時，我就會將五感設計帶入這次活動流程：在視覺上，我會選擇飄逸感的禮服來呈現繪畫風格的流動感；在聽覺上，我會用較輕柔的說話方式來呈現藝術之美；因為是畫展，沒有茶點，因此觸覺和味覺較難呈現，在嗅覺上我使用香味洗髮精而不是香水，若有似無的嗅覺感受，再配上客戶想傳達的內容，就是一場完美的五感享受。

更進一步來看五感設計，不只是提升當下的體驗感受，更能透過多重感官讓人們的情感從體驗中昇華，強化品牌優勢。

接下來將從什麼是五感設計、發揮的成效、運用案例，來逐步解析五感設計如何提升你的質感韻味。

✿只有視覺感官還不夠

人體的感官如何影響我們的生活？

人在進入新空間時，會優先以「視覺」主導，隨著時間流逝，視覺的刺激會逐漸疲乏、適應。就像你剛到一個陌生的新環境，會感覺周遭的一切都很新鮮，可是過了一段時間，對事物的興趣會降低。如果只以一種感官作為主要接收來源，會因為長時間使用，出現明顯的倦怠感。因此，可以試著強化其他感官的訊息刺激。除了以視覺為接收管道外，也同時運用聽覺、味覺、嗅覺、觸覺，透過串連多重感官，就能大幅提升人們對生活體驗的觸動感。

日本色彩學專家村野順一在《色彩心理學》中提到，五感接收訊息的占比分別為：視覺八十七％、聽覺七％、觸覺三％、嗅覺二％，以及味覺一％。

雖然視覺占大部分比例，但五感設計不能只提升單一感官的感受，而要聯合起來，創造出「共感」的連動狀態。

「共感」是由一種感官擴散到其他感官，例如：觀賞默片及有聲片，後者往往能帶給你更多震撼與共鳴，使你印象深刻。這種在視覺上疊加聲音的感受，不再依賴單一感官記憶，而是結合聽覺的多感官刺激，就能有效強化人們的感官體驗。

套用到銷售產品或打造個人品牌上，跳脫單一感官接收，讓人們透過顏色、聲音、氣味、觸感等多重感官刺激，「感受」到你的產品或服務。

冰冷的醫院空間，也能令人感到柔和與安心

運用五感設計，能創造出更加符合人本精神的生活體驗，讓人們從物質需求昇華成精神層面的心靈享受。營造出兼具意境、觸動、獨特的空間環境，讓人們沉浸在故事情節中，主動駐足停留。給對方五感互動體驗下不斷醞釀的情緒感受，就能強化人們的記憶點。

雖然五感設計能為品牌帶來更強的記憶連結，不過以往企業宣傳時主要以視覺、聽覺來引發顧客購買動機，較少運用到嗅覺、味覺、觸覺。而消費者每天大量接觸以視覺與聽覺為主的廣告，也早已疲乏，具備相當程度的免疫力。

位在日本山口縣光市的梅田醫院是一間小兒科與婦產科診所，日本知名設計師原研哉就運用五感設計，將「柔和」的設計理念融入醫院環境。

為了傳達出柔和感，裝潢材料捨棄金屬、塑膠等常見材質，取而代之的是「白色棉布」。白色棉布的視覺傳遞出「保持清潔」的精神，給予來醫院就診的病人一種醫療專業的安心感。另外，白色棉布的觸覺柔軟，會產生舒服安穩的感受。透過設計材質的選用，讓整間醫院散發出柔和氣息，並且給予病人安心感。

梅田醫院的五感設計，讓人們進到醫院不再冷冰冰，而是安心，自然而然就會放鬆心情。

以香氛連結愉悅的記憶

如同人們在確認食物是否新鮮時，大多數直覺反應會先聞一聞味道如何、有沒有變質，透過味道，我們就能大致掌握是友善的感覺，還是令人不舒服、引起內心不安。

因此透過嗅覺引導，能使人感受到放鬆的舒適感。例如：英國航空在客機頭等艙與候機室內，都會添加獨特的大自然牧草香氣。這種芳香能讓旅客即使身處艙內，也能因為原野香而放鬆心情，緩解密閉空間的緊張感受。

同樣的嗅覺設計案例，也出現在許多飯店中。旅客進入大廳時，就能聞到淡淡的香氣，舒緩旅途中的疲累感。例如：法國的盧瓦爾香氛（Aroma Loire）將冷空氣擴香設備安裝在高級飯店內，最大程度地發揮天然花草精油的特質，讓旅客置身在清新、舒適的環境中，增添心情愉悅感的同時，還能產生嗅覺記憶，將飯店品牌烙印在旅客記憶中。

回到我們個人，人際好感度也可以運用五感體驗有效提升，比如我經常提的要穿著對方企業顏色或自己企業的代表色，增加彼此視覺上的習慣度和安全感，融入其中而不讓人感到突兀。聽覺上，說話速度和音調調整成對方行業習慣的方式，例如：客服人員說話速度較緩慢輕柔，但業務人員說話音調較高亢和積極。若是跟他人約在咖啡廳或餐廳互動，可以多思考怎麼呈現嗅覺和味覺，例如：可以選擇有香氣但是不強烈的飲料，不清楚對方的口味就選擇可另外加糖、奶等調味的飲料。

隨著生活品質不斷精緻化，五感設計將成為未來趨勢，讓人不只關注功能上的設計，更要注重感官感受。比起在社群媒體上看到各式各樣的資訊，還不如給你一個親切的擁抱，運用多感官才能真正觸動人們的內心。

如果你是老闆會提拔誰？

如果你身為老闆，今天要退休了，你會提拔誰當繼任者？這時你心中會浮現一些人選。去思考他們平時的做事方式、思考問題的角度，一定都有某種老闆特質，才會被你選上。

當你進入一家公司，大家都賣著同樣的商品、做相同的工作內容，你怎麼讓老闆看到你做事的價值？想要在職業發展的道路上，有持續晉升的空間，需要先了解幾個重要的思考方式。

你的價值從哪裡來？

價值的創造，不只有對公司，還有對客戶，以及我們常忽略的「個人價值」。

以業務為例，最常用來評量對公司的價值就是「你帶來多少客戶」。假設你在這一季度開發二十位客戶，對公司來說就是二十萬銷售額。公司價值通常是主管最關注的部分，你在報告時就可以針對這點分享，以及跟個人過往的績效相比，這次開發的成長有多少。

另一方面，對於客戶而言，公司提供的是商品價值，而你則是提供商品接觸、使用，以及後續的服務價值。

最後就是個人價值，你從這次的經驗中，獲得哪些知識技能，服務客戶的過程中怎麼溝通，如何引導成交。這些無形的經驗累積，將在你的職涯道路提供更多元的晉升條件。

接下來你可以從「公司」「客戶」「個人」三面向來思考，這段時間你在各方面累積的價值有哪些：

- **公司面**：你對公司創造價值的具體成果有哪些？
- **客戶面**：客戶因為你的服務有哪些收穫？
- **個人面**：這段期間，你個人的知識、能力、思考方式有哪些轉變？

以我協助客戶品牌成長所用的策略為例：

．公司面：這檔活動有幾家品牌參加？參加品牌分別會帶來多少業績？

．客戶面：品牌主參加這次活動學到什麼？思維和行動有哪些改變？

．個人面：我從這場活動學到什麼？

對過往經驗的反思與沉澱，你會逐漸知道自己創造價值的成果在哪，還有該從哪方面來自我提升。

✿職場上沒人有教導你的義務

盤點完現有價值後，如果你發現這些年沒有什麼太多的變化，這時你要關注的重點就是如何提升現有能力，也就是個人價值的提升。不是只停留在原地，等待別人幫助，而是要「主動」去尋找解決方案。

不論是去請教高績效的人怎麼做事，或是自己閱讀書籍、參加課程，都能幫助你獲得更有效的工作技能與思考方式。當你在面對現有問題時，就能運用不同方案來解決。

你可以先試著思考，要提升績效可以從哪些方面來精進自己的做事方式？例如：

- 公司裡的高績效人士，都是怎麼做事的？
- 關於這領域的書籍，有哪些是必讀，可以啓發你的做事方法？
- 在你身處的領域中，同行都去上什麼熱門課程？

需要特別注意的是，向工作領域中優秀的夥伴學習時，不要忘記他們並沒有教導你的義務，因此，要拿出自己的價值與前輩或同事互惠，日後才有機會學到更多。

我經常特意提醒後輩，別人花了時間教你，請問你會拿什麼作為交換呢？我會這樣說，不是真的要同仁回多大的禮，而是適時提醒，珍惜別人願意花時間在自己身上的每一次付出。

好喝的一杯下午茶很好，協助資深同事確認文件也很棒，正因為這樣良好又高頻率的有來有往，不但讓同仁更願意熱心教導和分享，也能強化彼此的關係。

透過「老闆視角」做事

最後，該如何讓老闆了解你的工作價值，最直接的方法就是用「老闆視角」來看待事情。

所謂「老闆視角」就是假設你是老闆，你在會議上最想聽到的訊息是什麼？透過換位思考，不只是從個人的角度來想：「我能為公司做什麼？」還能從「老闆視角」來思考：「我對部屬的期待是什麼？」

從公司的整體利益來思考，可以幫助你在做事時不僅是用大部分理專、保險業務或房仲的角度來做事，還會思考到「我該怎麼做，才能夠為公司創造更多價值」。

但只是把自己的格局放大還不夠，提升自己的價值後，就真的能獲得被老闆賞識的機會嗎？

其實，面對這個問題，你應該還要進一步思考：「如果你身為老闆，今天要退休了，你會提拔誰當繼任者？」這時你心中會浮現一些人選。去思考他們平時的做事方式、思考問題的角度，一定都有某種老闆特質，才會被你選上。

我還在擔任董事長祕書時，每天的工作其實只要安排好行程、打電話、整理文件，就已經把祕書行政的本分做好了，但是我不想一直到退休都做行政工作，還想在這份工作中學習成長。我當時就想，跟董事長開會的人都是身經百戰的高階主管，所以我主動要求隨行開會，並且另做一份只給自己看的會議紀錄，在收到別人整理好的會議紀錄時，我會核對內容是否相同，如有出入，就會特別提醒董事長，也因為有自己詳盡的紀錄，就能追蹤會議中老闆交辦的所有任務進度。

現在我自己獨當一面，開發業務時，也會不時想起那些會議裡高階主管的表現，每當必須下決定、做判斷，不只會參考對方提供的資訊，還會設定如果我是公司某位高階主管，會怎麼下判斷。

總之，**放大格局，就能提升你看事情的高度；當高度有了，你的行動才會跟著改變；行動改變了，你在公司裡的位置，就不會只是停留在基層職員。**做好本分能為公司現在帶來實質的業績，可一旦環境驟變就不一定有應變能力。

我常聽年輕朋友抱怨公司的產品不好，才讓銷售遇到阻礙，但把格局拉高，考量全公司的資源和利益再來思考策略，往往會發現，其實這已經是目前最適合的產品組合了。這時，如何為公司創造更多價值，將能決定你在職場爬得多高、走得多遠。

在商務場合談出你的職涯辨識度

當他人一提到某件事，第一時間就會想到你，我們往往以為要達到這種「職涯辨識度」，必須先擁有某種頂尖「專業硬實力」。其實還有另一個著力的重點，那就是展現你的「溝通軟實力」。

當你走在職涯發展的道路上，隨著時間的增加，要想走出一條有影響力的路徑，你所選擇的每一個工作、執行的任務、創造出來的績效，都能為你未來的工作發展做好下一步的累積。而我認為其中一個重點是建立你的「職涯辨識度」。

所謂「職涯辨識度」，就是當他人一提到某件事，第一時間就會想到你，如同你身上的標籤一樣。

我們往往覺得要達到這種成果，就必須擁有某種頂尖的「專業能力」。但是這些專業技術僅屬於「硬實力」的範疇。

想建立職涯辨識度，還有另一個重點，那就是展現你的「軟實力」，包含：創造力、專注力、溝通技巧、領導力、情商等。

在職場中，最常用到的「軟實力」就屬「溝通」，不論是跟同事、主管，還是合作夥伴，都會出現溝通的場景。基本上可分為「對內」的團隊溝通，以及「對外」的商務溝通。

接下來就來分享怎麼培養你在職場的「溝通辨識度」。

幫老闆安排餐敘，意外成了婚禮顧問

在對外商務場合中，「談判」可說是最能展現個人溝通能力的技巧，因為談判順利，可以幫助你和公司團隊獲取需要的業績，獲得比預期還要高的價值；反之，忽略了一些重要細節，可能讓原本到手的業績瞬間減少大半，甚至合作告吹。

談判有別於一般人與人之間的溝通，需要經過相當程度的訓練，讓你從觀察對方的話語來理解，現在所使用的技巧，是否正在引導你一步步達成雙方的期望。例如：

・假如對方提出報價，你會先接受，還是先思考一下？
・如果對方做出讓步，你能判斷他這時運用的是哪種談判技巧嗎？
・什麼樣的談判能讓對方做出承諾？

這些問題的背後，其實都是談判中最基本的運用手法，不只讓對方認同，更會不自覺地接受。

經過多次談判的觀察揣摩之後，你會知道現在對方使用的談判技巧，以及背後的用意是什麼，也能自行整理歸納你擅長的談判對象，其他人有相關的問題或需求，自然會找上你幫忙，甚至會有人幫你取江湖稱號。

我之前的工作經常需要協助老闆安排飯局或球聚。老闆的飯局要找適合談話的餐廳，還要有精緻的美食，因此我對各大飯店的菜單和環境都很熟悉，也學會如何講價與打好關係。老闆們都有司機，因此我不只要知道如何安排高級餐廳，也要知道周邊平價美食，好安排司機大哥停車之後能在附近休息、吃飯和交流，照顧好每一位工作人員。

因此同事要告白、慶祝結婚紀念日和賀壽等，經常問我高級餐廳的資訊與優惠窗口，假日我自己也喜歡帶著同事朋友去踩點、蒐集美食資訊。後來同事更進一步請我協助規劃他們的婚宴細節，想不到我一手包辦到知名度大開，成了同事眼中的「婚宴達人」，還轉介給他們的朋友。隨著越來越多人請我協辦婚禮，擁有客戶一個介紹一個的好口碑，也打下我日後離職創業、開始提供婚禮顧問服務的基礎。

提升你的職場談判勝率：同樣一句「我會努力」可以怎麼說？

要讓對方接受你的產品或服務，就要讓對方知道你的價值，切忌用詞模稜兩可。例如：你提出「我會努力達到業績目標」這句話，聽在對方腦海裡，反而有些存疑，甚至沒有信任感。

原因在於，形容詞會讓人感覺有些不確定，心想：你的努力會到什麼程度？做到什麼事才算有努力呢？

要讓用詞精準，你在談判時必須做到三個原則：目標、邏輯、客觀。

‧ **目標性**：依據你的目標，推敲出目前溝通談判可能出現的問題點，以此確認這些問題對目標的影響性。

‧ **邏輯性**：除了有清楚的目標外，每個內容要素、呈現次序，都能緊密連結在一起。

‧ **客觀性**：能夠真實陳述當下情況，讓對方理解目前談判內容的全貌。

承接之前提到的「我會努力達到業績目標」這一點，通過「談判三原則」來思考，就會有不同的溝通話術。

‧ **目標性**：讓對方了解你想達成目標的具體做法是什麼，也就是解答對方對於你會「怎麼做」的疑惑，以此提出相關執行方案。「針對業績如何達標，主要有以下幾種做法……」

‧ **邏輯性**：先從市場變化來分析，再逐步聚焦在業績操作的細項上。例如：「目前的市場趨勢是上升，還是趨緩」等，再來探討可以拓展的市場規模。有了規模後，就可以鎖定「目標族群是哪些人」，包含：年紀、數量、有多少比例會接受我們的商品。

・**客觀性**：鎖定目標族群後，透過「數據分析」，讓你在具體操作上有量化的參考指標，也可供對方參考你的業績是否達標。如前面的：市場份額、客群數量、商品接受度、業績轉化率。

有了這些思考點與數據，對照先前提到的「努力」，就會有具體的內容與方向，讓對方知道我們會怎麼做。同樣一句「我會努力」，卻因為用詞上的差異，讓對方對你有不同程度的信任感。

當你在商務會談或是談判場合中，試著運用上述三個原則，用詞更精準，不只能讓你在思考一件事情上有更全面的視角，還能獲得對方信任，對你說的話留下深刻印象。

·Part 3·
視覺度，讓你深得客戶信賴

職場禮儀不必複雜，得體就好

職業形象管理正是職場禮儀管理，
留意小節，舉止得體，
別人會更樂意伸手幫助你。

我在金融業擔任職場形象的教育訓練講師時，不難發現，剛出社會的年輕人往往不拘小節，覺得有專業知識比較重要，做自己就好。雖說現代的職場禮儀已簡化許多，然而「不拘小節」與「舉止得體」，還是有一段差距，尤其職場新鮮人經驗不足，經常需要請教他人、尋求幫助，行為舉止若只局限在自己的狹小視角，並不能獲得他人好感，讓人樂意對你伸出援手。

我還記得，之前曾經在網路上接到一份婚禮主持工作，第一次約見面時，準新娘要我晚上七點到她家開會。我依照約定時間前往，進門後才發現他們全家都還在吃晚餐！準新娘想著一邊吃晚餐、一邊開會也無妨吧！但是她的父母很明顯地感覺到家裡有外人在，打擾他們用餐了，氣氛一度僵化，無法進行，當時我只好草草了事，趕緊告退。

我一向提倡職業形象要和職業身分相符，而職業形象管理正是職場禮儀管理。我也依據過往經驗，整理出一份禮儀清單，分別從溝通、餐桌、穿衣、會議、通訊、社交、電梯或走路禮儀等七個方面來說明。這些都是專業工作過程中需要的基本必備禮儀常識，你也可以依照專業要求的不同，並根據情境靈活調整。

在此之前，務必牢記兩個不變的大原則：

第一，多用「黃金法則」和「白金法則」。黃金法則是指「己所不欲，勿施於人」，不對他人做自己不願意接受的事；白金法則是用別人願意的方式對待他。

第二，學會自控、自察、情緒穩定。自尊自愛，心中常默唸：「我是這個職場裡最XX的人。」裡頭可以自由填入「優雅／有智慧／大方／勇敢」等符合當下場景的正向詞彙。

接下來分享七大職場禮儀：

溝通禮儀

時常展現我們樂意傾聽的狀態，和別人面對面交談時可以看著他的眉心；座位選在對方的側邊而非談判感較重的正對面，除非你想刻意向對方製造壓力；對話也要少用質疑的反問句，即使很憤怒，建議還是用陳述句。

餐桌禮儀

我們都知道用餐禮儀非常重要，許多重要合作案也都是在餐桌上完成。無論中餐、西餐一定要等主人、重要客人宣布開席再開動，即使是同事開會的一般場合，沒什麼主次之分，也要等一桌人齊了再統一開動，不可以自顧自地坐下來就開吃。

用餐時，菜再好吃，也不發出大力咀嚼聲，嘴裡含著滿口食物時不說話。特別留意，別緊盯著自己喜歡的菜猛吃，留意同桌人是否都吃到了。如果有餘裕，記得照顧一下桌上的其他人，尤其是長者、女性和小孩。

1.中餐：根據房間布局，位置安排亦有嚴格規定。假如你不是筵席的主人，請不要坐主陪位（主人通常會坐在正對門口的主陪位上，才能及時看到每一位來客，起身相迎）；你不是主要客人，就不要坐主陪位一旁的主賓位，也不要隨意坐主陪對面的副陪位上。中餐進餐時，請拿起飯碗用餐。

2.西餐：左手叉，右手刀，幾副刀叉幾道菜，從外到裡，一副副左叉右刀地吃。西餐是分餐制，如果不是特別情況，不要分享食物，盡量別從自己盤子裡叉自覺好吃的餐點給別人，因為熱情地幫別人盛食，就像拿自己的餐具碰別人的食物，是極奇怪的舉措。

食物就口，也就是把菜叉伸到嘴巴裡，而不是用嘴巴去找菜，趴在盤子上把菜扒進嘴裡；手臂懸空，人不趴在桌上吃西餐；吃完了把刀叉像筷子一樣齊放，沒吃完叉齒向下和刀交叉放。

西餐容易讓大家產生困惑的是牛排，如果你今天需要幫外國客戶點餐，要知道牛排的熟度分為Blue（Blue Rare）、Rare、Medium Rare、Medium、

Medium Well和Well Done六個級別，對應我們常說的生、一分熟、三分熟、五分熟、七分熟、九分熟。沒有雙數的熟度，比如沒有六分熟。

❀穿衣禮儀

職場上穿對衣服，是職業人士最基本的禮儀。這也往往是職場新鮮人的重災區，尤其在夏天，穿得閃亮、T袖短褲齊上陣，有些員工絲毫不覺不妥。

國外職場要求從隆重到隨意，一般分為白色領帶、燕尾服、雞尾酒裝、商務正裝、商務休閒裝、休閒裝等。

一般辦公室要求以商務正裝為主，週末可以著商務休閒裝。**不過華人的辦公室著裝經常一言難盡，最好的辦法是參照你老闆或主管的著裝。**參加大型會議和見客戶的時候，預設為商務正裝。

❀會議禮儀

1. **投入、記錄：**無論培訓或是開會，都應該盡量投入，最好帶個筆記本記下重點。雖然現在電子產品盛行，但老闆客戶和你開會時，你即使拿著手機在記錄會議內容，看起來也像是在滑手機似的漫不經心。還是老派點，帶筆記本比較正式。

2. **開會前，將手機調至靜音模式，螢幕向下放桌上：**如果你的電話響起或者螢幕亮起，顯示你收到一條訊息，其實是對整個會議的干擾。如有重要電話，盡量到會議室外接聽，非常重要的培訓或會議，建議不查看手機。其實，人的注意力就應該放在最重要的事情上，我們什麼時候看到電視上重要的國際會議，如G20，有哪一位國家元首或嘉賓在別人發言時埋頭看手機呢？國際的和平與合作比起一般商務重要千百萬倍，但這些大人物仍謹守會議的基本禮儀。

✿通訊禮儀

1. 如果你的LINE帳號會用於專業工作聯繫，你也自信自己無人不知，當然可以隨意設定。但如果不是，建議頭像用自己的職業照，顯示名稱用自己的名字加上職業，減少客戶認知成本。
2. 用通訊軟體聯繫他人時，盡量發送文字訊息而不是語音，尤其是在群組聊天的時候，必須考慮他人不一定方便聽語音訊息。如果你不擅長手機輸入訊息，可多使用語音轉文字的功能。
3. 怕別人看不懂你的文字語氣時，記得加個表情：不同的人可能會對相同的一段文字有不同的解讀。如果想避免誤會，你可以在回覆別人「好的」「OK」之類文字時，再加個友善的表情。熟一些的同事客戶，可以加上新穎合適的表情符號自然好，不過在不確定的關係狀態下，還是寧願保守些，用些大眾不會有歧義的表情符號。
4. 如果無法及時回覆訊息，可以先將對方設置為置頂好友，以免忘記你還沒有回覆，處理完畢後再取消置頂。

5.未經他人同意，不要把私人聊天截圖發到公開場合。經常有文章或訊息裡有聊天截圖，以證明真實性，這是私人聊天公開化的行動，把朋友聯繫方式給另外一位朋友時，一定要事前先徵求本人同意。

❀社交禮儀

1.初次聽到別人名字的時候，看著字讀一下，並問唸得對不對，再有意識地在大腦裡重複一遍。
2.如果有加對方LINE好友，直接把備注改成對方的名字和特徵。
3.坐別人的車子時，應該主動坐在副駕駛的位置，並主動繫好安全帶。
4.多說「你好」「謝謝」等敬語。和別人談話時，多提對方的名字。切忌沒頭沒腦地用手指人家，或「喂啊喂地」張口就跟人裝熟。

電梯或走路禮儀

如果與長者、客戶、老闆、女士等眾人同行，要讓別人先行。有禮貌的男士要禮讓女士，可以幫忙拉椅子，但不要幫她拿手提包，除非行李很重。走自動手扶梯記得靠邊，一般在國內靠右，另一側走道讓有急事的人先行。

現代的基本商務禮儀其實沒那麼複雜，也不必戰戰兢兢，只要注意一下，大致得體就行。雖然學習不難，但很多人只關注工作，常沒留意到外在言行形象拉低了職場得分。不斷地為自己建立禮儀清單，注意小節，才能在職場路上走得更遠。

還記得本篇開頭提到的網路來客案嗎？因為不了解陌生客戶介意的禮儀尺度在哪裡，後來我學到，跟客人約晚餐左右的時段開會時，都會記得先詢問對方是否會先用餐，還是可以接受一邊吃、一邊開會。我自己當然會先用餐完畢才過去會議現場，這樣就能確保對方不會介意一邊吃飯、一邊跟我談工作。注意到這些小細節，就能讓你在拓展陌生客戶時更快得到對方的信任。

儀式感爲你打造不平凡的生活時刻

有些生活儀式會讓你看起來跟別人特別不一樣，要是我們能在自己的工作生活和他人心中帶入儀式感，必然能讓同事和主管對我們留下不一樣的印象。

每年跨年，人們都會特別關注倒數時刻，因為下一秒就會進入另一個年度，感覺這一刻非常特別，就像是一種全人類的集體儀式。

日本小說家村上春樹對於儀式感有這麼一段定義：「儀式，是件很重要的事，讓我們對在意的事物心存敬畏，使我們對生活有更深刻的銘記和珍惜。」

現代人生活節奏快速，容易被各種繁雜事物占滿生活。在社群媒體上，你會看到朋友發布的訊息、貼文、有趣的照片等，大量資訊不斷出現在你眼前。雖然有趣新奇，但看多了總會感到疲勞，久而久之，你的注意力會逐漸被這些資訊牽著走，最終迷失自己的感覺。

其實，大大小小的儀式感無處不在你我生活之中，即使只是對內心訴說一段自我勉勵的話，都能夠視為一種儀式，讓生活重新注入活水，感受到當下的不同凡響。

如果要我為儀式感下一個定義，那就是：「你想讓此刻的自己，感受到不同的一種行動、信念，或是生命態度。」這種不辜負未來的自己，讓此時此刻的你綻放出璀璨的光芒，就是儀式感帶來的影響力。

儀式感也能幫助你找回生活主控權，讓身心靈專注當下，在每個平凡時刻淬鍊出不平凡的生命意義。

有些生活儀式會讓你看起來跟別人特別不一樣，要是我們能在自己的工作生活和他人心中帶入儀式感，必然能讓同事和主管對我們留下不一樣的印象。

接下來就從儀式感的三個視角：生活態度、自我激勵、意義化，分享儀式感的精髓與你可以嘗試的做法。

✿儀式感決定你的生活態度

儀式感是一種生活態度，讓你感覺到此刻跟其他時刻特別不同，重新感受當下的生活，生命被好好掌握在自己手裡。

若是儀式感的心態轉換失敗，往往不是你做不到，而是你習慣將每件事拒於千里之外，只關注那些會讓你喪失主控權的事物。

敞開胸懷，放眼看這世界時，你會發現，這世界還有很多可能性，還有很多美好事物在等著你，而這一切，只需要你跨出步伐。

當你願意跨出去，就是對待生活的態度有了不一樣的眼界，這也將重新激起你對生活的體察。因為你不再只是盯著一處看，而是看到更多沒有注意到的人事物，進而影響你的視野、觀感，以及生活，最終朝著你嚮往的方向前進。

在疫情期間，許多人工作、生活受到諸多限制，有人把這些不便變成阻礙，不再進步，也不願意面對，結果就是業績下滑、惡性循環，只能坐以待斃。這時如果你想到要主動關心你的客戶，跟他一起創造生活上的儀式感，就算當下不會立刻獲得轉單，也可能進駐客戶的心，例如：每幾天就陪他聊個二十分鐘；看到同業有新奇做法，趕緊將資訊提供給他；如果他在工作上有新做法，可以自願成為他新產品的測評人，給予正確但軟性的回饋，待疫情明朗，你將會成為他優先合作的夥伴。

在第一波疫情嚴峻時，因為許多品牌行銷預算吃緊，部落客和自媒體人無法接案，許多人都在哀聲嘆氣，我趕緊聯繫開餐廳的品牌主，因室內必須梅花座，客戶雖然少了一半，不過我鼓勵他們將多出來的時間拿來研發新菜單。後來三級警戒，室內禁止用餐，他們就順勢做外帶餐點，比別人應變速度快又美味，業績不受影響。收到對方度過難關的訊息時，我知道自己這樣儀式性的問候與關心態度奏效了，也很清楚對方從此把我視為重要的諮詢對象，替他們的正向轉變感到開心。

儀式感啟動內在動能，自我暗示

儀式感是一種自我暗示的過程，透過自我暗示，提醒身心靈接下來要發生的事情，把注意力貫注在此刻。儀式感要能成立，需要重複施行，持續自我暗示，不斷沉澱思想，最終產生信念。這股信念會逐漸融入你的潛意識，讓你更自然進入到儀式感生活。

執行完儀式後，便會產生自我暗示，你的思考邏輯會提升，全神貫注當下，讓工作狀態達到最佳化，以更高的效率完成任務。當你培養出這種心理暗示機制後，就如同在你身上內建一種思想啟動引擎。

所以當我們每個月撥出空閒協助他人完成儀式感的行動，他人就會自動被暗示你是這方面的專家，例如：你知道同事要出門提大案子很緊張，可以主動跟他說，你願意聽他簡報、給予建議；也可以在同事出門前送上加油便利貼。不緊迫盯人的祝福和協助都會讓他人在重要時刻產生儀式感，如此一來，對方在成功提案後，就會想起你曾給過的大小協助，在為他人創造儀式感的過程中，你也潛移默化地成為他人的專家。

儀式感賦予你在做的事特殊意義

儀式感意義化，就是將日常事務賦予特別的意義。

同一片天空的雲朵，在不同人看來會有不同的意義解釋，例如：有的人覺得就是一朵雲，有的人卻因為雲的形狀，產生可愛動物、快樂笑臉等聯想，當你賦予日常事物新的意義後，就會產生不一樣的生活體驗。

當你用愉快的心情生活，放眼望見的世界，會因為你的意義解讀而不同，讓平凡的生活迸發不一樣的感覺。儀式感生活的特點，正是把尋常的事務賦予獨特的意義感，強化內在心理的暗示，讓這一刻變得格外特別。

我們不可能每天送客戶或同事高貴的物品，但可以賦予尋常物品意義和豐富的儀式感。你應該不難看到金莎巧克力總是在情人節強打行銷，而且從便利商店到量販店都買得到，它讓小資族、臨時起意慶祝或是送給辦公室同事的人都可以輕鬆購買。因為一塊巧克力花費不貴，送給他人時卻能承載滿滿祝福，這樣的產品就能被大家在節日中視為幸福的象徵，跟一般巧克力的意義大不相同。

因為有這些產品，我們在送禮時也能為自己和他人建立儀式感，同時也建立人際間的好感。

周震宇老師曾跟我分享，他收到一份開幕禮，是「大人學」的共同創辦人姚詩豪與張國洋致贈的藝術造型溫度計，不但放在辦公室擺設大方，且因為他是聲音表達講師，聲音的傳達最重要的就是溫度，因此他非常喜歡。能送禮到這樣的地步，就是儀式感提升好感度的最高境界。

光是「說」還不夠，視覺溝通強化你的職場力

如果只用一種感官解讀，容易產生我傳遞的訊息，跟你解讀訊息之間的隔閡。「視覺溝通」將協助你在與人溝通時增加一個維度，從「聽覺」與「視覺」兩個維度來「立體化」你的訊息。

所謂「會溝通」不只是能言善道，而是在交談過程中，對方還會想繼續跟你聊。我年輕時，經常有人想介紹好對象給我認識，當時我已經是案量穩定的活動主持人，因為工作上能言善道的習慣一時改不過來，每次認識新朋友，還是滔滔不絕、自顧自地講我的工作和生活型態，雖然互動過程氣氛熱絡，但是回家之後，對方常常毫無音訊。我這才發現，那時的我沒有認知到自己在這場約會中的角色定位，還傻傻地試圖以工作狀態的氣氛帶動對話。

職場上也是一樣的道理，在團隊裡，你要知道每個人的溝通特點和在意的需求，能讓你與他人合作時更有效率，也會在無形之中獲取周邊的支持力量，成為團隊合作中不可或缺的連結者。你若能掌握職場溝通能力，能為你帶來三種效益：

- **團隊連結者**：讓你成為團隊中不可或缺的橋樑。
- **未來潛力者**：主管對你的溝通辦事能力及未來潛力的認可。
- **商務談判者**：在談判會議上，為客戶帶來價值，同時創造業績。

在職場溝通的過程中你也會發現，不只要會說話，還要能洞察、理解對方的需求，光只是「說」，在大部分的表達過程還是很難確實到位，因此我很喜歡使用職場溝通的另一種型態：視覺溝通。

「溝通」的本質，是在訊息的「交流」，而這種交流方式可以透過多種管道，包括：閱讀文字、觀看影片、聽演講，來理解對方的訊息。人類的大腦在接收訊息時可以從眼睛、耳朵、鼻子等，當作溝通的訊號接收器，也就是「五感」體驗。除了用「耳朵」聽之外，另一種重要的接收方式就是用「眼睛」看。

在職場中，視覺溝通也有許多應用場景，包含：工作報告、任務交辦、商務會談等，對個人職涯發展都非常重要。

用視覺溝通，把訊息立體化

視覺溝通能幫助彼此在交流訊息上能夠更精準呈現。人們在交流時，同樣的訊息會因為不同的解讀，產生訊息上的誤判，導致誤會他人意思。

就像剛出生的孩子，各種情緒與心理需求都用哭來傳遞。可是同樣是哭聲，卻有不同的意思，例如：有些哭聲，是因為肚子餓了；有些哭聲，則是尿布濕了；有的則是因為環境太冷或太熱等生理上的不舒服等。所以有經驗的父母會判斷哭聲的音量與頻率，以及生理上的變化等，多方面來觀察孩子哭聲背後真正要傳達的訊息。

同樣地，在看到一段文字、圖片、聽到一句話時，如果我們只用一種感官解讀，也就容易產生我傳遞的訊息，跟你解讀訊息之間的隔閡。所以「視覺溝通」將協助你在與人溝通時增加一個維度，從「聽覺」與「視覺」兩個維度來「立體化」你的訊息。

我剛創業接案，跟客戶核對確認主持活動的細節和氣氛時，都是直接拿起筆記本和筆跟對方溝通，先聆聽對方的想法，再提出問題。然而，即使基本的溝通都做足了，卻發現溝通時間很長，還常誤會彼此的意思。回家我也得看冗長的筆記內容，重新回憶稍早會議討論的結論，耗費許多時間。

後來我試著將常跟客戶討論的內容，分別用時程、環境和人力等簡報頁面先區分，客戶在哪些區塊討論的時間較長，就代表那是對方在意或不甚理解之處，我也可以直接在他們在意的地方加注文字。如此一來，客戶與我不但都能很快理解，也更能看到溝通的全貌。

視覺溝通心法：抓住共鳴感

提到視覺溝通，你心中的想像是什麼？其實只要有一張圖、一個流程表，或是表格等，這些都是視覺溝通的常用手法，都能有效強化我們理解訊息的方式。

「視覺溝通」也可以運用「圖像」與「文字」視覺化，提升人們對於訊息的「共鳴感」。視覺溝通的主要用意，是幫助你把需要用大量文字才能描述清楚的事情，透過視覺簡化且更精準地傳遞。

例如：如果有一千個字，你只用了三個ICON圖來總結內容的相關性，不僅可以幫助聽眾抓住重點，也能在聽眾的腦海內產生清晰的架構，幫助對方拆解並理解訊息之間的關聯性，提升與你溝通的共鳴感。

總結以上，視覺溝通可以帶來兩個主要效益：

- **整體性**：掌握訊息之間的關聯，理解訊息的脈絡。
- **效率性**：抓住重點，提高解讀訊息的速度。

三種視覺溝通的常見場景

想培養視覺溝通力，最好的方式是多方應用，要先了解視覺溝通最常用在職場的哪些地方，大致是：業務開發、會議溝通、個人學習。

業務開發

現在人們身處在海量的資訊裡，不論在社群網路，還是在線下與客戶面對面對談，面對還不熟悉你商品的用戶，視覺溝通的技術能引導用戶更加理解你能帶來的價值。

例如：每天都有大量的疫情新聞，為了讓觀眾一目瞭然，衛生福利部疾病管制署推出了「疾管家」，用方塊字卡和大數字來呈現，讓民眾理解政府實施政策的原因。身為業務人員，要讓客戶秒懂公司的產品或服務，你也可以像這樣將重點整理成懶人包來傳遞分享。

會議場景

你在主管或客戶面前溝通時，如果處理訊息的方式是直接把一堆文字丟進簡報檔裡，反而會讓對方不知道重點在哪，也會讓人覺得連你自己也不清楚要做什麼。

因此，不論你是對團隊內的簡報溝通，還是對外的企劃說明，視覺溝通就是在立體化你的訊息，讓大家能更有效掌握你傳遞的內容與結構。此外，因為你在會議溝通上能夠將專案事項用清晰的視覺呈現，讓對方立即抓住重點，還能對你留下好的印象，也間接證明了你的做事能力。

許多祕書都肩負做會議紀錄的任務，為了速記會議重點，有些特別厲害的祕書，會發展出許多符號與圖像，其他人也會口耳相傳好用、好記的符號。當其他行政人員必須回聽錄音檔才能製作會議紀錄時，兩者的效率和能力差異在此就顯而易見。

個人學習

職場溝通的另一個重點就是記錄你的學習過程，將個人的所學用視覺溝通的方式展現，例如：心智圖、圖像筆記、簡報重點摘要等。

除此之外，這些視覺化的學習成果還能發布在你的社群中，讓你的朋友、客戶對你產生一種持續學習的記憶點。藉助視覺溝通的紀錄，會漸漸吸引到一群和你一樣有學習動力、持續向上精進的夥伴。

在 Instagram 知識媒體的經營上，我很喜歡用圖像整理大量的知識內容，因為 Instagram 的用戶大都是年輕人，不太習慣閱讀長文，但是剛出社會的新鮮人又需要我分享的知識，用這種形式跟他們溝通，可以幫助職場小白少走一點冤枉路，我也因此獲得許多企業邀約演講的機會。

讓人一見你就說「你做事，我放心」

同樣是做一件事情，
你可以只是完成、做好它，或者做得超乎眾人預期，
讓人對你的滿意感與信任度迅速提升。

「你做事，我放心」這句話我想很多人都有感，在職場上要讓人對你說出這句話，真的很不容易。

我協助過許多專業人士跟品牌商業媒合，因為雙方不認識，要倚靠我居中協調兩邊的利益，只要其中一方對我感到不信任，這場合作案就很容易破局，因為對我不信任的一方往往會在小細節上挑毛病，更深怕自己吃虧而裹足不前，充滿猜疑，既耗時又傷神。因此，只要有人提出想跟我合作的意願，我會先評估並時時留心自己在對方心中的信任程度，這樣一起完成專案，不但更有效率，也少了互相猜忌。

我也發現職場上做事順利的人，往往都有一種隱形資產，那就是「信任」。反之，如果心存戒備，會容易把簡單的事情搞得複雜，而且為了讓事情順利進行下去，不只是用盡能力完成，還需要花額外的精力去爭取信任，直到對方認可才會繼續下去。

相反地，如果在職場上累積了足夠的信任關係，不論是對上的主管，還是團隊之間的合作，在做事過程中會發現大家都樂意協助你，一起合作完成。擁有信任，不只工作更順利，還能讓你用更少的心力獲得最大的回報。

成為值得信任的人，關鍵在於你如何回應對方的期待

在職場上如魚得水的人，不只要有專業硬實力，還要有軟實力，其中一項就是「贏得他人信任」。如果老闆要求你完成一項任務，結果你說不知道、不會做，在老闆心中留下不信任的記憶點，在未來就難以交辦新任務給你。

信任是一種關係，也是一種資源。社會科學提到對於信任感的建立，主要圍繞在兩個原則：雙向關係和漸進增長。

保持雙向關係

信任的基礎必須建立在雙方的關係之上。如果只有單向傳遞，很容易變成命令式溝通，與此同時，也會忽略對方內心的需求。信任關係的培養，則是要雙方一起傳遞想法，知道彼此在意的事物，如此一來，就會漸漸知道最適合雙方的合作模式。

每次在會議上傳達完我的想法，我都會停下問對方：「你有什麼看法？」有次我到客戶端提案，平常都是對方的窗口與我確認內容，這回首次遇到該集團的董事長，每到一個段落我就停下來問：「董事長，請問剛剛這個段落，您有什麼想法嗎？」因為都是分段確認，大部分都沒有意見，或是有意見也不會太多，等到最後提案完畢，董事長跟我說：「能跟貴公司合作，我很放心，妳說明得很清楚。」這種「你做事，我放心」的態度正是信任感的體現。

漸進增長信任度

信任關係的成長，是從日常中一次又一次的言行累積而成。不論大事小事，只要能一件又一件達成，信任度就能慢慢上升。如同存錢，成功完成任務會逐漸累積大家對你的信任，也就像是在你的信任存摺上，增加一筆信用度。相反地，如果一直沒有達到對方的期望，信任關係就會一點一點流失。

在職場上增進你與他人之間的信任感，最直接的方式就是「展現能力」。對大家展示你的能力，也就是做出成果。你的績效成果，代表個人能力的體現，也在大家的心目中建立起對你的信任感，因為大家知道你的做事能力，會願意與你一起在團隊裡分工合作。

去年疫情剛開始，因為我懷孕，不方便在外通勤，跟所有客戶全改成線上會議的溝通模式。當時幾乎所有人都不以為然，覺得我小題大作，我的做法是藉由混合式方法，漸漸改變跟客戶的溝通方式，讓他們信任線上會議的可行性。例如：跟客戶原來的會議是到他們公司開會兩小時，我分成兩天進行，分別改成線上三十分鐘和線下一個半小時；在下一次的會議，改成線上和線下各是一小時；最後循序漸進改成全程線上會議，慢慢累積客戶對遠距線上會議的習慣。

✿做事超乎期待，讓人更加信賴

你的工作職務中，有哪些能夠做出具體成果呢？你可以試著列舉這些重要任務，還有帶來的成果是什麼。接著思考，同樣是做一件事情，會因為你展現的成果程度，讓人對你的信任感大增。

成果產出的程度可以分為三種層次：

第一層次：完成。給出任務成果，把事情交辦好。

第二層次：做好。把任務完成，但是比起一般執行者更有效率。

第三層次：驚喜。不只是把事情做到好，還能夠思考下一步要做的事情。

想在職場獲得信任感，可以從以上三種做事程度來判斷，你會發現第三種創造「驚喜」，往往能超乎對方預期，讓人對你的滿意感與信任度迅速提升。

有次我主持活動的前一晚，跟主辦單位的窗口對完流程後，兩人閒聊起來，窗口提到有位歌手剛失戀，希望當天他不要太哀傷，能正常帶動現場氣氛。

聊完八卦、互道晚安後，我就開始坐立不安，如果現場氣氛不佳怎麼辦？於是我在手稿上寫下許多炒熱氣氛的詞句作為備用。

當天活動一開始還算順利，但是活動進行到中段，現場所有人都感受到歌手的心情不太美麗，於是我在旁邊試著帶動大家起身做拍手、歡呼等動作，讓大家把專注力放在互動上，賓客臉上有了笑容，長官和窗口都表示對於活動成果感到驚喜與滿意。

成為他人值得信任的人，不只是讓工作順利進行，更是我們披荊斬棘、努力排除工作困難迎來的榮耀時刻，這很難做到，卻很值得追求。

專業形象，你的影響力名片

在日常生活上下班、逛商場時，觀察哪些人的穿著吸引你，他們穿衣的風格帶給你什麼樣的感覺，以及為什麼這樣穿的原因。刻意練習建立自己的專業形象，放大屬於你個人的職場優勢。

我初入社會的第一家公司必須穿制服，因此下班之後，我格外重視隨心所欲穿著自己喜愛的服裝；後來離職創業，一開始我依然保持「我喜愛我是全場最美的人」的審美觀念。

那時幾乎每場合作都是首次，不知還有沒有機會下次再合作，後來有好心的前輩提醒我，業界都說我是「很做自己的蝴蝶」，意思是很有能力，光芒萬丈，但是眼裡只有自己。這樣的結果往往是：如果客戶的喜好恰好與我相同，就能合作順利；如果客戶看不順眼，只能宣告破局，前輩於是點醒我：「心裡要有客戶，從外表就要做起。」

我這才意識到在職場中，對方第一眼見到你時，就已經在心裡為你打分數。我若只是依照自己的愛好裝扮，卻沒能視活動場合，以及對方的身分、地位、喜好與觀感，來打理合適的外表視覺，會因此失去許多潛在客戶。

有次公司因為客戶糾紛，必須請律師協助開庭，我們約好在辦公室會面，那位律師雖然準時踏入辦公室，但因室外天氣炎熱，律師全身汗流浹背，且行色匆匆，說話時上氣不接下氣，聽得我們也跟著心浮氣躁了起來。後來公司決議改由另外一位律師服務。

同樣的道理，如果你與完全陌生的對象合作，站在你眼前的兩個合作方，一位身穿吊嘎背心、短褲與夾腳拖，眼神憔悴，另一位則是身穿全套西裝，充滿朝氣，你一定會感覺到後者不僅傳達出對我方的重視與尊重，更讓人相信他除了專業，對其他事情也能游刃有餘。

我有位朋友在基金會擔任發言人職務，時常需要站在眾人面前，他講究的穿著打扮，懂得因應場合做適切的搭配，就經常被人討論，這也是個人品牌塑造的一環。

✿專業形象，讓你的工作成果「被看見」

從學生身分畢業後，對剛入職場的人而言，身上的穿著會體現出你想展現的形象。做自己雖然沒什麼不對，但如果外表不修邊幅，會給對方感覺散漫、不專業的感覺；同樣地，你穿著符合行業形象的正裝，多少能傳遞出你想帶給對方的專業信任感。

職場上除了會工作，還要關注個人形象建立。你的工作成果再好，如果沒能好好行銷自己，很容易讓你付出的成果打折扣。所以對剛出社會的人而言，專業形象的目的，就是創造「被看見」的機會。就像增強輸出的「特殊效果放大器」一樣，大家會把你做出的工作成果跟你的專業形象連結在一起。

✿形象就是你的影響力名片

職場形象是我們獲取職業成功的關鍵要素，一般職場形象管理，主要從三方面來看，分別是：目標特質、呈現對象、形象展現。

第一，目標特質，你想要呈現什麼特質？是專業、創意，還是輕鬆、親和？

第二，呈現對象，你要呈現給誰看？哪些對象會認同你的專業形象？

第三，形象展現，依據前兩個資訊，找出相襯的談吐言語、行為舉止、裝扮風格。

這三方向的思考是建立職場形象的第一步，讓你描繪出專屬的個人形象，如同人們見到你的「第一張名片」。

✿視覺形象管理心法

建立專業形象，要先掌握形象管理學問的心法，那就是找出適合自己的專業形象，以及你所在領域的裝扮。

服裝樣式：外型上的準備，最常見的是來自身上的衣著。包含：上衣、褲子、裙子、套裝等服飾；還有服裝的樣式，是要上下一體，還是混搭。

顏色調性：如果一開始還不知道哪種服裝顏色適合自己，可以選用最安全的色調，例如：灰、黑、藍、米色，這些色調不失氣質，又能給人穩定感受。

肢體語言：與他人交流中，最常見的是見面握手、溝通談話等。以溝通場景為例，多傾聽對方話語中的關鍵訊息，能幫助你在分享內容時更觸動對方在乎的事。另外，傾聽的時候，透過一些小動作，如身體微微往前傾，或是點頭示意，代表你有在聽，都能讓對方感到共鳴與安心。

職場形象管理祕訣：建立專業形象的觀察力

如果一時間不知道怎麼培養自己的專業形象，你可以通過「觀察」的方式，找出大家平時的裝扮與行為舉止，歸納出共通的穿搭規則與邏輯。

例如：你可以在日常生活上下班、逛商場時，觀察哪些人的穿著吸引你，他們穿衣的風格帶給你什麼樣的感覺，以及為什麼這樣穿的原因。

自從我刻意練習建立自己的專業形象，不但穿著上獲得許多客戶的讚賞，我也因此延伸到注意自己在網路上呈現的形象，以及發文內容和用字斟酌。也因為如此我才有機會獲得出版社邀約，而有這本書的誕生，我也因此獲得許多合作機會。

提醒大家，培養專業形象前不用急著一次到位，可以透過先找到你想模仿的人，不論是景仰的前輩，或是欣賞的同事都可以，進一步深入研究，找出他們都以什麼樣的裝扮示人，還有行為和言語特質。有了研究對象後，你還可以更進一步凸顯自己的優勢，放大屬於你個人的職場形象。

‧Part 4‧

精準度，職場溝通順暢無礙

回應的藝術：職場溝通高效回應法

回應能力除了要知道「怎麼回」的技巧，還包含察言觀色，懂得對方想聽什麼，會在意哪些關鍵字。不只知道有些話可以怎麼說，更要知道哪些話不該說出口。

「很開心有機會跟您合作，接下來我會邀請同事一起跟您做後續的執行對接。」

每次成功開發案件，開心地將客戶跟同事部屬連結起來，接續處理執行細節後，好幾次客戶又回頭來問我：

「我可以私下問妳幾個問題嗎？」

「他的回覆我聽不懂，妳方便跟我說一下嗎？」

「我還是想要妳親自服務我，可以嗎？」

回頭檢視群組紀錄，往往會發現職場新鮮人在跟客戶回應互動時，不大容易察覺客戶真正的意思，回覆得不完整，或給出錯誤答案。

在職場上誰的回應能力高，就越能降低彼此之間的溝通成本，也能讓我不用時刻跟進督導，才有時間去做其他更重要的決策工作。可以說好的回應能力，能強化個人職場的競爭力。

回應能力強的人，面對不同類型的溝通對象時，可以快速抓到對方的溝通頻率，進而把自己的溝通頻率調到跟對方一致。例如：選擇話題和運用語氣，讓你的回應跟對方產生共鳴。

換句話說，回應能力除了要知道「怎麼回」的技巧，還包含察言觀色、懂得對方想聽什麼、在意哪些關鍵字。不只知道有些話可以怎麼說，更要知道哪些話不該說。

如何掌握回應這門藝術，讓你在職場溝通中有效運用？接下來將分別從提升回應的「觀察技巧」，以及「回應原則」來掌握回話時的影響力。

✿覺察對方沒說出口的訊息

要提升自己的回應能力，首先要培養對人對事的敏銳度，提升覺察力。什麼時候你會感覺對方懂你？就是對方能夠依據你現在的情緒、話語、表情、肢體動作等，就知道你說這句話的意思，並且用適合的情緒和話語來回應你。

要達到這樣的境界，提升個人覺察能力，需要從以下三個地方來察言觀色：

面部表情

透過臉上的表情來觀察對方說話的心情，例如：對自己沒信心，眉頭深鎖；或是心中有想法卻欲言又止，張口了卻沒有真正說出口；如果是真的很開心，嘴巴會自然地微張，嘴角上揚，眼睛看起來也像在跟著微笑，而不會皮笑肉不笑。

我上臺主持活動的每一刻從未放鬆，即使在舞臺下也會留心觀察臺下觀眾的表情：空洞的眼神加上面無表情，就代表他們大多在放空或沒興趣！我就會立刻啟動事先預備好帶動現場氣氛的 B 計劃。

肢體動作

從身體姿態來看現在的狀態，假如是有信心，會抬頭挺胸，手部的揮舞動作有力量；如果對方的雙手不停搓揉，或讓人有坐立難安的感覺，就表示內心有些焦慮與不安。

語言情緒

說話的音調、速度能夠感受到說話者的情緒。當一個人有自信時，音調會高亢有力，說話的節奏穩定；如果沒有信心，說話的聲音會變小聲，讓人聽不見。當對方有憤怒的情緒，音調會尖銳刺耳。

讓雙方對話更深入，掌握回應三原則

如何創造回應的深度，讓你們之間的溝通更深入，並且給予對方回應的空間，幫助彼此找到共識？你需要掌握回應三原則：**深度**、**距離**、**間隔**。

深度：讓對方敞開心扉

回應對方時，要知道你說的每一句話都有力量。在眾多話語中，有些話如果會讓對方關緊心門，那就是「否定用詞」。

否定用詞包含：「不」「不好」「不可以」「不行」等句子，聽進對方的耳裡帶有否定意味，也就會心生防禦。對方會覺得你不認同自己，也就很難聽進你提出的建議。這並不代表你就不能用「否定用詞」，要化解這個問題其實只需要換個說法。

像是這樣的句子：「這個方法不好，可能會導致某些問題產生。」你可以替換成：

「我覺得這個方案不錯，但如果還能從另一個方向來思考更好。」

先贊同對方，再來從「更好」「如果這麼做」「假設是這樣」等話語來提出建議，會更有機會敞開對方的心扉。

距離：拉近關係的語言

回應他人的時候，怎麼讓對方感覺「你說的事情跟我有關係」，有個很好的方法是：當你在回應前，可以用「你」來替代「我」的觀點。

舉例：「我」希望能夠怎麼做，轉化成「你」希望怎麼做；「我」對這件事情的看法，調整為「你」對這件事情的看法。

「我希望可以這樣進行」，改成：「我確認一下，你希望這樣進行嗎？」

「我對這件事的看法」，改成：「你對於這件事的看法是這樣嗎？是否跟我一樣？」

當你每次想要用「我」來開頭時，先試著用「你」的角度來思考，把問題拋給對方回答。除此之外，人們對自己在乎的事情與認同的觀點，分享起來會更有動力，這樣做正可以把話語權留給對方。

我曾經遇過客戶辦活動時，想將整個泳池都掛滿星星燈串，但是估算金額後發現超出預算。如果直接告訴客戶預算不足、無法加掛燈串，對方勢必感覺很差，我們團隊討論之後回應：「燈串的價格稍微超出預算，您還是希望加掛嗎？這是現場模擬效果比較圖，我認為兩種方案都很好看，當然加掛燈串之後效果更好，都提供給您參考。」

客戶最後決定追加預算，也順利完成活動，後來還特地跟我們團隊說：跟我互動感覺很好，就算有些要求不能做到，也不會直接拒絕，感覺我們團隊很盡力找尋解決方法。

間隔：回應的留白藝術

回應他人時也不一定要馬上做出回應，透過適度的留白，讓對方感受到你有在認真思考，同時也讓自己的想法沉澱，去覺察話語背後沒說出口的真正意思。

另外，如果一直不停回應，試圖塞滿對話空間，一下子把大量的想法灌輸給對方，沒讓人有緩衝的時間，對方也可能記不住你說的所有內容，很可能發生訊息不對稱的情況。

總結以上，創造良好的溝通關係，來自良好的回應；回應能力可以檢視一個職場人是否有被看見的機會，更能有效提升你在職場的影響力。

引導式溝通三步驟，友善又有效

「妳每次呈報，都講得支支吾吾，語意不清，我很難透過妳的資訊下判斷。」我才領悟到，不是把準備好的內容平鋪直述說完就好，也要用引導的方式，讓對方快速抓到你整理的脈絡。

還記得我當年擔任董事長祕書時才二十五歲，剛從美國研究所畢業返臺，不但不熟悉職場與人交流的技能，更不熟悉臺灣的職場文化，一下子跟著閱歷豐富的董事長工作，即使資料準備充分，表達的過程仍充滿緊張，很難流暢說明。

有次董事長還對我說：「妳每次呈報，都講得支支吾吾，語意不清，我很難透過妳的資訊下判斷。」那時我才領悟到，即使只是一對一地向上忠實呈報資料，不是把準備好的內容平鋪直述地說完就好，也要用引導的方式，讓對方快速抓到你整理的脈絡，因為人與人交流的過程，會因為自己說的一句話，讓對方產生很多猜想。

引導式溝通的技巧要點，正能幫助你與他人在溝通時抓住彼此傳遞的訊息。不論是對上司的溝通，與部屬之間的談話，或是親子之間的交流，掌握溝通引導的技巧，有助於營造親和的溝通氛圍，也能讓對方快速進入情況。

只要按步驟練習，人人都能成為對話溝通的引導人。首先，要理解引導式溝通最主要的任務，是讓對方說出想說的話，你才能有效引導對話。三個主要步驟分別是「營造友善溝通氛圍」「掌握情感共鳴點」，最後是「以提問掌握關鍵訊息」。

引導式溝通第一步：營造友善溝通氛圍

不論對上司還是部屬之間的溝通，創造良好的溝通氛圍，是幫助對方卸下心防、拉近距離的重要方法。首先，要判斷對方是否有意願和你溝通，溝通時，注意對方的情緒變化，如果身體有不安的動作，例如：眼神飄移，就意味著對方與你對話時產生心理焦慮，這時你需要先緩解對方緊張的情緒。當對方還沒放輕鬆時，你們的對話資訊往往有所保留，唯有讓對方先感受到跟你說話是安全的，有基本的信任感後，才能真正進入談話重點。

舉例來說，每次向主管報告之前，我會先觀察他現在的情緒，確認可以報告之後，也會先從簡單、輕鬆的話題開始，等到談話氛圍逐漸活絡後，再逐步引導對方進入真正的溝通主題。

每當中秋節前，老闆都會收到上半年業績報告，他腦中必須判斷年底目標達成數字和因應措施，因為這時老闆從各方獲得的資訊量較大，思緒也比較繁雜，我在呈報資料時，都會將好消息和壞消息一併報告，避免老闆的情緒一直處在低氣壓的緊張狀態。

引導式溝通第二步：掌握情感共鳴點

在一來一往的交流中，除了讓對方感受到溝通的愉快感，更重要的是了解彼此現在的情緒波動。如果對方回答的訊息不是你想要的，或是沒有太多的共鳴感，你要先有尊重的心態，了解對方說的每句話背後都有他獨特的觀點，不要急於解釋，也不要急著反駁對方的觀點。

真正有效的溝通，絕不是在出現紛爭時，反駁對方的言論前，要先以欣賞的眼光來回應。

所以要想掌握情感共鳴，你需要尊重對方觀點，了解對方關注的議題，進行換位思考。引導式溝通運用得宜，就能順利取得對方的信任，從而引發好感。也唯有在這樣的基礎上，才會有良好溝通的效果。

延續之前中秋節的呈報時刻，在主管或客戶質疑我的做法或觀點時，我會先刻意記錄，讓對方確實感受到我在寫筆記，並且贊同他的切入角度，同時觀察並感受對方現在的情緒點，是否適合闡述我所持的反對意見。

✿引導式溝通第三步：以提問掌握關鍵訊息

引導式溝通的最後一道關卡是「提問」。這不是直接拋出問題就好，而是必須經過設計，如果你的問題讓對方很難回答，反而得不到你想要的訊息。

當我發現每次向董事長呈報時，老闆問的問題，我都得花一些時間查找，因此養成了每次完成呈報資料後，先問自己五個以上老闆可能的提問，以確保盡量貼近老闆思路的習慣。我帶領團隊時，也主動擔任引導人的角色，在拋出引導問題前，會先讓對方了解問題背景，和我為什麼要提出這個問題，讓對方知道我問問題的用意，以避免不必要的猜測。

最後強調，提問過程中，我會留意用字是友善的，以此態度一點一點地引導對方回應，目的是讓對方逐漸整理腦中的思緒，也是幫助自己再思考，避免落入挑戰彼此的狀態。再次回應前面提到的：真正有效的溝通，絕不是在出現紛爭時，有效的引導式溝通，能讓對話氣氛和效率都加倍。

馬上成交的提案架構

經過大量的提案經驗後，我才領悟到，客戶不是要從提案裡得到所有的資訊，而是你的獨特性，並且精簡提出對方在意的重點。

我經常向組織內部提案，也需要到其他客戶的企業提案，提案經驗多了，成功率也自然提高。

然而過去的我以為自己擅長整理龐雜的資訊，向客戶提案時，總是將輔助資料剪輯得洋洋灑灑一大疊，明明我也可以能言善道地完整呈現提案內容，但總是屢戰屢敗，客戶也無法明說為何沒有選上我為他們服務。

經過大量的提案經驗後，我才領悟到，客戶不是要從提案裡得到所有的資訊，而是我們得在說明提案內容的過程中，讓對方知道你的獨特性，並且精簡提出對方在意的重點。因為不會只有你一家向客戶提案，還有其他廠商跟你競爭。

經年累月下來，我提煉出一套掌握好提案的方法。

提案的目的是什麼？抓住核心問題、找出解決辦法

今天你向客戶提案，就是一種重要的溝通場景。

如果客戶願意跟你合作，代表你打中對方在乎的點，要達到這種效果，需要從兩個方向來思考：抓住核心問題，並找出解決方案，由此可以得出提案價值公式：

提案價值公式＝抓住核心問題＋找出解決辦法

提案前需要先了解對方面臨的問題，再來找出你可以提供的解決問題方案。

找出客戶「為什麼選你的理由」

如果只是解決客戶問題，參與這場提案的競爭廠商也會想到，因此，你還需要找出「客戶為什麼選你的理由」。可以從以下兩個層面思考你的獨特價值，一是放大解決視野，二是解決問題的思考模型。

第一層思考：放大解決視野

除了問題外，還要從更大的框架來思考，像是客戶目前所在的公司或部門負責的職責範圍，對於組織發展的角色定位為何。例如：公關部門負責曝光，業務部門負責銷售，同樣的提案主題內容，不同部門的客戶在意的指標也大不相同，公關部門在意的是瀏覽人次，業務部門則重視銷售成績。

分析客戶需要解決的問題外，還要拉長時間，把眼光放遠來看，背後是否隱含潛在的問題。若你提供解決方案時不只局限於解決當下的問題，能讓對方知道，跟你合作可以獲得更多超乎預期的價值收益。

第二層思考：解決問題的思考模型

想讓提案不只是客戶看到，還能提出超越目前問題的解決方案，這需要提案者對產業深入研究，知道目前需求方在產業裡的位置，還有未來的發展方向。當你在進行問題分析時，以下是商界常用的模型，可以幫助你思考：

- **核心問題的思考模型**：80／20法則、5W1H分析法、五個為什麼（5Whys）提問法。
- **競爭優勢差異模型**：SWOT分析法、PEST分析法、波特五力分析法。
- **目標與執行流程模型**：WBS工作分解架構、PDCA循環式品質管理、SMART目標管理。

坊間有眾多相關書籍，網路上也有許多資料，你可以充分研究以上各種模型之後，試著掌握並找到最適合自己或客戶需求的方法，在幫助你解決客戶問題之餘，還可以有更全面、更具體的思考脈絡。這也能提醒你適時轉換角度，從客戶關注的問題來思考解決模型。

以我為例，對於已經合作過、希望再次提案的客戶，我不只會思考客戶現在需要解決的方案，還會選擇以上其中一個模型來思考，例如：客戶要舉辦保養品新品上市記者會，可以運用SWOT分析客戶產品的優勝劣敗，跟市面上TA相同、最近也有新品上市的競爭對手產品做一比較，就此提出企劃與解決方案，能讓你的提案更有亮點。

一提案馬上成交：黃金圈模型提案架構

我向客戶說明提案方針時，最喜歡借助「黃金圈模型」（Golden Circle）來作為提案範本的基本架構：

Why：為什麼要做這件事？

How：如何執行？

What：這件事最終的樣貌是什麼？

Why：為什麼要做這件事？

提案要點：用一句話說明提案企劃。

我是從「客戶為什麼選你的理由」這個角度，來逐步分析客戶的核心問題，以及我能提供的解決辦法。提出解決方案時，我會先用一句話來明定解決的方向，當我確定解決的方向切中客戶需求後，再來說明各項解決重點與做法。

How：如何執行？

客戶除了想理解你提出的解決方案外，也很在意你的執行方式。我會從先前提到的解決核心問題的思考模型來表達，特別推薦的工具有：5W1H、WBS、SMART。

例如：我常運用5W1H來全面思考，提案解決的時間、地點和執行流程，或是用WBS工作分解結構，將我的提案點子，拆解為各個環節工作流程來分享。

What：這件事最終的樣貌是什麼？

最後要說明提案執行之後，會帶來最終成果的樣貌，以及對於組織、團隊、個人的影響。你也可以訂定成功指標，讓客戶心中對你的期望明確化。

想在提案競爭中脫穎而出，不只要做一場精采的自我表演，而是要抓住客戶的核心問題，提供最適合的解決方案，清楚確認彼此的達成目標一致，客戶就能放心將案子交付給你執行。

職場溝通怎樣才算做到用心「傾聽」？

「對話」往往讓人只重視「說話」，而忽略了「傾聽」，一段高品質的對話該是由傾聽和說話共同組成。如果只顧自己說，不懂如何傾聽別人，怎算是有效溝通呢？

我剛出社會時頂著留洋的知識和口才訓練專長，每天到辦公室都滔滔不絕地提出個人意見，對公司政策不滿意，也立刻出聲抱怨，雖然工作成果頗讓長官滿意，但是帶領團隊總是不上手。

因此，我開始觀察主管的帶人方式，才發現他雖然嚴格，但是交辦任務時用字謹慎，傳達之前會確實讓對方先表達，才給予建議，這種不疾不徐的態度讓我們這些部屬都很信服。

仔細觀察之後，我開始換位思考，如果面對的是一個自顧自地不停說話的人，時間一長，你也會感到沒趣，很想結束這段尷尬的談話。特別在職場上，如果忽略傾聽的重要性，可能會錯失許多有用的訊息，甚至丟了業績。

以下是職場溝通時人們經常疏忽的「四不」好習慣，如果你跟他人互動時都能留意並做到，絕對能大大提升你在對方心中的好感度。

不打斷別人的話

有時我們在溝通過程中會不自覺地越聊越開心，想表達的東西太多，因而打斷別人的話。

曾經有位古道熱腸的同事，與客人聊天時慷慨激昂地熱情分享自己的想法，可是他實在太過熱心了，急於表達自己的觀點，很多時候一聽到對方提出問題，還沒等人說完，就立刻打岔，發表長篇大論。一開始，客人還可以專心聽取他的意見，但次數多了，難免也感到鬱悶，於是經常發生客戶私下向我反映想換人服務的狀況。

平時多注意養成不打斷別人說話的好習慣，除了讓對方感覺到尊重，也能獲取更多的資訊。

❀不急於想辦法

雖說對方遇上難題，你立刻想辦法解決是一種關心，還是建議先聽完對方想表達的全部內容，再來通盤思考，可避免只聽到客戶部分的訊息，忽略了對方言語中重要的關鍵訊息。而且，如果你習慣先傾聽、再思考，之後提出的解決方案會更全面。

我接過一件婚禮企劃案，雙方家長分別是基督徒與佛教徒。遇上新人各自的家人宗教信仰不同時，我們會直接建議分開舉辦婚禮儀式，通常都能順利解決。然而客戶又進一步說明，小倆口其實都是基督徒，這也讓其中一方篤信佛教的父母非常不滿，若還刻意分開舉辦婚禮儀式、不顧他們的感受，會讓家庭關係陷入緊張。

我們花了不少時間聽完客戶傾訴困擾後，提出一個方案：讓雙方父母試著參與彼此的儀式，理解到大家其實都很尊重彼此的宗教信仰，這場婚禮也圓滿結束。建議各位還沒聽完客戶需求之前，先別急著表達過去的成功經驗。

✿不盲目提建議

在談話中需要思考這次對話的性質，對方是想徵詢你的意見，還是單純傾訴煩惱？如果是前者，可以積極提出有用的建議；如果只是找你話家常，應以引導為主，逐步理清思路，讓對方試著自己找到方向。因為僅憑一、兩次對話，不可能把整件事交代清楚，而且表達者多以個人角度描述事件，我們在不了解事情來龍去脈的情況之下，假如草率提供建議，難免有失偏頗。

這樣的情境其實經常發生在你我身邊：妳的閨蜜跟男友吵架，來找你傾訴他的不是；你太太向你表達工作不順；同事跟你抱怨公司制度……這時，對方是想聽取意見，還是只想單純傾訴、需要你的心理支持呢？下一次遇到類似對話情境時，不妨先思考一下。

✿不帶競爭意識對話

談話畢竟不是爭執，對方如果意識到你在跟他較勁，很可能開始想著如何說贏你，這樣談話容易變了調，成為情緒的流動，而非圍繞在有效溝通的本質。

要以事實為基，在說出自己的觀點時，也要不帶成見地去傾聽對方想說什麼。這樣的好處是，如果真的是自己錯了，也能及時正視，糾正過來，而不是繼續犯錯。

要適時留白

留意以上「四不」對話好習慣後，最後還不忘「一要」：要適時留白。

談話中有時會出現片刻的沉默，有些人面對這種沉默場面會感到尷尬。其實，這時候不用太過緊張，也不必刻意打破。相反地，如果留點空白時間給對方，讓大家消化之前的對話內容，也是溝通的重要技巧之一。

只要放鬆心情，無視這幾秒的不安和尷尬，新的話題很快又會再帶起來。

經過職場的洗禮，我也發現，越是專業的工作者在溝通時越常各持己見。以上要點能適時提醒自己，讓彼此達成對話共識。

職場溝通技巧中「聽的藝術」不只要學會聆聽，更要用心聽、虛心聽，確保在

快速引起對方興趣！
跟頂尖業務學這樣精準表達

現在業務的挑戰是爭奪客戶線上訊息的注意力，難度更勝以往，因為必須用難以看清情緒的文字訊息來跟客戶互動。

這時在話術設計上，你可以思考：你的優勢和對方的痛點是否有關聯？

隨著網路和行動裝置快速發展，大家每天收到的資訊量越來越多，人們的注意力已變得難以集中且短暫；加上二〇二〇年開始新冠肺炎又來攪局，讓業務無法親自拜訪客戶端，少了實地走訪，便少了見面三分情，如今的業務人員在開發上面臨極大挑戰。

在這種情況下，你會怎麼跟客戶提案銷售呢？

有的業務習慣一條條慢慢說明，有的則越說越快，只想盡快說明完畢，有的採用各種死纏爛打的對策……我從事業務工作的第一天就想，隨著 5G 的到來，人們選擇商品也逐漸仰賴科技輔助，有任何問題與需求，直接請問 Google 大神找答案即可，銷售也可以透過網路下單就好，那麼業務還能為客戶提供什麼價值呢？

業務工作的本質：陪伴客戶做出最適切的選擇

身為業務，提供有別於網路資源與產品的最大差別是：當客戶舉棋不定時，業務能為客戶提供指引，也就是擔任「顧問」的角色，陪伴客戶選擇最適合自己需求的商品或服務。

我向不同的品牌提案結束後，經常聽品牌主對我說：「妳的方案，其實之前曾經聽其他業務說明過了，但我覺得妳的觀點更全面、更替我們著想。我當初拒絕了他，但是現在聽妳說明後，我們決定跟妳合作。」由此可見，客戶需要的不只是會銷售商品的業務，更需要可以協助他安心做決策的顧問。

因此在陪伴客戶的過程中，不能只在意提案是否說明清楚，還要清楚邏輯架構，提出與他一起面對市場日新月異挑戰的可行計劃。

對於頂尖業務員來講，服務介紹只是資訊的傳遞，關鍵是吸引對方的興趣與注意力，讓彼此的關係延續下去。

業務介紹前的準備：創造良好的第一印象

與任何潛在客戶見面，第一次見面的印象會影響後續合作的成果。美國心理學家洛欽斯（A. S. Lochins）首先提出，人們在第一次見面的前四十五秒，留下的第一印象影響甚大，而且占據主導地位，這種效應被稱為「首因效應」（Primacy Effect）。不論之後見過幾次面，第一印象的感覺都無法重來。

根據拜訪的客戶不同，我也會搭配不同的穿著。像是銀行、傳產等專業人士在與人接洽業務時，會身著正裝；很多新創產業 CEO 則穿牛仔褲出席各式場合。在不同行業中給人的感受也會不同，不僅傳達專業的形象感，更重要的是讓人留下好的第一印象，以利後續合作。

在新冠肺炎疫情升溫期間，我每天只能靠鏡頭跟客戶遠距溝通。然而即使在家工作，我跟客戶開線上會議時，還是會備足燈光、注意穿著與打理儀容，更會隨著接觸客戶的目的來打扮，正式的會議依然著正裝，若只是閒談交流，我會刻意做輕鬆的裝扮，讓客戶卸下心防。

業務介紹的當下：精準表達，快速引起對方興趣

如果客戶只給你三十秒，像是搭電梯時遇到，或是只有一起搭手扶梯的時間，要如何把握機會說明呢？這時，頂尖的業務員會把焦點放在快速引起對方的興趣。只有激發對方的興趣之後才能帶來更多的溝通機會，這也是運用短時間行銷的「電梯簡報」（Elevator Pitch）精髓所在。若只是單向傳遞訊息，對方很容易聽了之後轉身就忘，因此在話術設計上，你必須設法引發客戶主動思考。

除此之外，假如你的話術都跟其他人一樣，對方聽了只會無感。這時就需要針對商品或服務的優勢，透過精準表達，來區別出你與競爭對手之間的差異，讓客戶一聽就覺得這是他需要的最佳解決方案。

我先前特地錄製一門線上課程「文字訊息溝通力」，原因是太多社會新鮮人跟客戶互動時都不知禮節，讓人捏一把冷汗；尤其今日的業務與客戶聯繫的方式已多

半使用ＬＩＮＥ、Messenger等透過大量文字訊息往來的通訊軟體，客戶也經常對業務人員已讀不回或置之不理。

比起電梯簡報要在短時間內行銷，現在的挑戰是爭奪客戶線上訊息的注意力，難度更勝以往，因為必須用難以看清情緒的文字訊息來跟客戶互動。

這時在話術設計上，可以先釐清幾個問題：

・**這句話有沒有觸發對方思考？**

例如：「因應三級警戒，貴餐廳是否有外帶、外送的策略？我們是否可以提供您其他客戶的成功案例做為參考？」

想要存活下來的餐廳勢必想知道新的經營策略，你提供給對方的資訊可以讓他少走很多冤枉路，他肯定會比你更積極。

・**這句話是否能夠鑑別出差異？**

例如：「我曾幫許多診所成功優化自費高端服務的流程，我們有領先業界的系統，能將服務流程系統化和標準化，不用像過去得讓客戶填寫滿意度調查表或接到客戶抱怨，才能評鑑人員的服務品質。」

常接到客訴並深感困擾，或有評鑑服務人員對公司貢獻度需求的診所，就會覺得引入這套領先業界的系統，值得他們花時間一聽。

‧有什麼辦法能夠讓你的優勢最大化？

例如：「比起其他的品牌顧問，我有金融業、醫療業、公關行銷、婚禮和企業講師的跨領域經驗，面對瞬息萬變的資訊時代，公司更需要跨領域的人才擔任顧問。」

想參考不同領域執行做法的業主，就會覺得這樣的身分優勢大於其他顧問。

總結以上，要特別注意的是：你說的話是否能讓對方有切身感受，才能加深彼此的連結。你的優勢和對方的痛點是否有關聯？就算你跟別人做出了差異，但客戶真的需要嗎？因此身為業務，事前的分析功課必不可少。

頂尖業務不是一蹴可幾，每天不斷練習才能提升自己的優勢，並融入業務開發流程，你可以越說越精準，成為箇中高手。

·Part 5·

應對進退得宜，好感度加分

升級你的商務禮儀思維：內功「六字心法」＋外功「3A溝通原則」

讓對方感覺自己備受重視，
重視的心態除了有理解他人的用意，更在行為中釋放出一種訊息：
你會用心關注對方的一舉一動。

我初入社會就經常跟著老闆出席重要場合，會面對象都是金融機構的董事長、總經理、金管會主委、總統府幕僚等高層人士，因此除了我的工作專業，也經常被要求高標準的接待應對禮儀。不能因為我年紀小，就表現比他人低下，畢竟我陪同並代表公司老闆與對方的幕僚對接，必須儀態合宜，每天都戰戰兢兢地鑽研商務交流的每個細節。

隨著市場不斷發展、年資日漸增長，不論是職場中的任何角色，你遇到的各種商務場合只會越來越多，又該如何在這些交流中彰顯你的價值？這就需要一套「有意義行為」，也就是「商務禮儀」（business etiquette）。

商務禮儀是一種職場禮儀的行為展現，是用來表示「尊重」對方的行為準則，同時也是人際交流的默契與共識。如果今天你做到這些細節，別人不只會對你的個人素養留下好印象，提升你的職場好感度，也可能影響你的升遷機會。

以下整理商務禮儀的內功「六字心法」以及外功「3A溝通原則」，並輔以常見的商務場景來探討，讓你知道哪些行為細節與注意事項，升級你的思維。

商務禮儀內功修練：IMPACT六字心法

職場人士在商務活動上展現的各式各樣行為細節，會影響活動的成果，決定你是否能順利達成目標。多數人會把重點放在談判策略和擬定話術等執行面的行為重點，然而，還有一些不太引人注目的行為細節，會在過程中對結果產生影響，例如：遞名片、開場的問候語、握手等，這些都是商務禮儀需要注意的行為，看似小事，但處處盡現商務禮儀的內功心法。

領導力專家大衛・羅賓遜（David Robinson）針對商務活動須具備的禮儀指南，總結出「IMPACT六字心法」：

I，正直（Integrity）

當你受到誘惑時，能不能正視自己的心態，不受外界干擾。這也就是所謂的正直，讓自己的行為有種可靠、值得信賴的感覺。

M，舉止（Manner）

當你與他人進行商務會談時，表現出穩重、可靠的行為，在會議上也會認真、重視當前的面談機會。讓對方感受到自己的外貌、穿著、言行舉止，無不釋放出對他人的禮貌。

P，個性（Personality）

他人在與你相處的過程中，感受到你個性的獨特之處，讓人印象深刻。例如：在會談中，你的熱情感染到其他人的內心。

A，儀容（Appearance）

身上的服裝、儀態、妝容，以簡單、乾淨為原則。每天出門時，多花個幾分鐘注意自己的儀容與穿著，長時間日積月累下來，也會對自己的儀態更有信心。

C，關心（Consideration）

能夠敏銳觀察出對方的反應。透過關注對方的說話方式、用詞、表述，去察覺對方一言一行背後的真正需要，以及注意到對方臉色、眼神的變化，看出現在是什麼心情。

T，機智（Tact）

面對突發事件，能機智應對或當機立斷，有效率地將事情條列分析，並一一化解。

參與商務活動時，如果沒有先了解禮儀思維的核心，不但做不到位，對方也能感受到你的心口不一，即使做了也沒辦法達到想要的效果。

「IMPACT六字心法」正能做為你職場禮儀行為的內功指南。我經常在出訪客戶時把IMPACT六字寫在筆記本頁面最上方，在會談中不時提醒自己的心境準備、關注對方的細節變化，以及個人儀態等。

接下來，除了內功，當然還有做好對外展現的商務禮儀工夫。

❀商務禮儀外功修練：3A溝通原則

商務禮儀中最主要的行為在人與人之間的交流，因此你需要知道怎麼把話說好。在該領域我們常提到「3A溝通原則」，能幫助你在人際互動時處理好關係，與人面對面時知道聚焦在何處。

接受（Accept），以多元視角思考

與他人面對面時，如果帶著自己的想法來溝通，就不容易去接納對方的觀點。把自己放空，敞開心胸，才能容納其他人的想法。在人與人的交流過程中保持「接

受」的心態，你就會以「傾聽」的方式來溝通；反之，在會談中就容易出現打斷對方的談話，指出哪裡說得不對，這樣的行為容易產生衝突，也會讓良好的對話氛圍迅速惡化，甚至直接終止談話。

所謂的接受，先是接受對方，再讓對方接受你。一旦養成這種心態，你就能用多元視角來看待一件事情，不會只關注一種解釋，而會開始去思考其他可能的解釋邏輯。

重視（Appreciate），理解對方需求

讓對方感覺到自己備受重視，比如：提起對方的姓名、興趣、跟他有關的事物，對方會感受到原來你記得他、在乎他。又或者以行為來傳達你對他人的重視，比如：當對方遞給你名片時，用雙手去接過名片會比用一隻手接過更能表現出對對方的重視。

擁有「重視」的心態，你會開始「換位思考」，知道自己的每個行為會讓對方產生什麼觀感。重視的心態除了有理解他人的用意，更在行為中釋放出一種訊息：你會用心去關注對方的一舉一動。

若你曾經去廟宇祈福，仔細觀察信眾的行為，不難發現他們對信仰的深度虔誠。在考季的學生若是被父母逼著前來，就只會簡單拿香、做個樣子，父母則是拿著香唸唸有詞，甚至雙膝下跪，表示敬意。

在職場中，我們當然不用做到像敬仰神靈這樣莊嚴的地步，但我想強調的是行為是內在、思考的外顯，注意行動帶給人的感受，你會開始懂得發自內心理解他人的需求。

讚美（Admire），拉近你與他人的距離

讚美的舉動會讓對話繼續下去，因為人們會跟對自己有認同感的人產生親近感，覺得「你懂我」。即使沒有感同身受，也會因為你一句讚美的話語，提升對方對你的好感度，進而拉近彼此的距離。

最後，也補充幾個商務禮儀中常見的場景：問候、上下車、握手，來探討你需要掌握的禮儀思維。

問候禮儀

問候語，是開啟你與他人對話的話語。當你與客戶見面時，因為不同環境或不同人，會有各自的問候語。如果是初次見面，可以用以下的說法：

「您好。」
「很高興認識您。」
「非常榮幸見到您。」

假如對方是有聲望的人，可以說：

「久仰。」
「幸會。」

對於業務上與熟人見面，用詞就可以親切一些，可以先稱讚對方，讓對方感受到你的善意。

「你今天氣色不錯。」

「妳越來越漂亮了。」

問候禮儀能夠快速拉近你與他人之間的距離。當你在面對不同的人與情境時，可以依照當下需求，事先列舉出相應的問候語，多多練習與做足準備。

座車禮儀

車上位置怎麼坐是職場人士必須掌握的重點。不同的座車人數，座位的安排順序也會有所不同。

上車時，如果有客戶或是長者，先請對方上車。下車時，你需要先行下車，幫忙打開車門，等候客戶或長者下車。

車內的座位安排：年長者坐在後排位置。如果後座有兩人座，以駕駛座的斜後方為主位。如果後座有三人座，中間的座位為尊，尊者的右邊為次之，再來是左邊。晚輩或是身分較低者，主要坐在副駕駛座，如果是主人開車，則是把副駕駛座交給長者。

以上是常見的車內座位分布，為職場禮儀中重要的基本認知，據此你會清楚知道怎麼安排上車的順序，在他人未開口介紹前，也可以透過車內位置先理解彼此的關係。

✤握手禮儀

握手是職場初次見面或散場時的常見行為，在職場禮儀中，怎麼握手也是一門學問。

通常以伸出右手為主，合適的握手時間長度為一到三秒，過程中眼睛須注視對方，嘴巴可微微露出笑容。握手時，要能傳遞出熱情的感覺，需要透過握手的力度展現，但又不能太大力，基本上讓對方感覺有力量就好。

有些人會因為自己手不乾淨，有些手汗，覺得很不適合與他人握手。這時你需要主動向對方表明不握手的原因。

握手的次序上，依對象也有順序之分，先介紹年長者、上司，女士。男士與女士握手時，通常只會輕握女性的手指部位。如果要表示特別尊敬對方，可以用雙手來握。

我經常跟協理位階以上的人互動，創業之後為了獲取比其他同業更好的業績，我總是想辦法找到客戶公司裡較有話語權的長官對談。有次客戶長官對我說，他會想要支持我的提案、跟我合作，而不隨意找窗口搪塞我，關鍵是他覺得跟我互動感受良好，也想多給年輕人機會。

我也領悟到，在職場上若想快速升遷，要告訴自己「不要怕」，主動跟位階比我們大的人多多相處，例如：你現在是專案經理，就挑戰看看多跟副總以上的長官互動，因為這些人能教你許多專業經驗，也是掌握公司資源和決策權的人。想讓位階比你高的人跟你相處愉快，密切往來，商務禮儀的眉角不容忽視。

只要好好應對，也能勇敢對顧客說「你錯了」！

顧客永遠是對的？
只被動接受顧客的一切要求，客戶真的喜歡這樣的銷售人員嗎？
其實大部分顧客並非專業，真正專業領域的業務應該做到及時善意地提醒。

我帶領過形形色色的業務同仁，其中有一種業務態度最失敗，就是覺得「顧客永遠是對的」，唯客戶馬首是瞻，對方要什麼，就回頭來向公司要求提供資源。

我曾有個業務夥伴小文，在負責接洽並籌辦一場廠商活動時，被客戶要求能否不花錢請主持人，反倒要我們派人教他的員工上臺主持，還要我們保證流程順利，小文竟然問我可否出馬？通常沒有考慮到成本和風險的業務，在銷售中也會態度被動，但顧客真的喜歡這樣的銷售人員嗎？

除非顧客真的是這個領域的專家，明確知道要怎麼向你購買產品、接受你的服務，如同免費的外部員工般使喚，客戶當然喜歡。但正常來說，業務應該要比客戶更專業，可以給予專業經驗的建議。就我的經驗來看，客戶其實不喜歡被動的業務，既然大部分顧客並非專業，業務以正確的方式應對，及時對顧客說「你錯了」，其實是允許的。

另外，顧客之所以不找自家員工，還特地花錢請外部公司協助，就更不喜歡沒有主見和能力的銷售人員，因為與這樣的業務溝通往往浪費時間，就像你需要專家給你建議時，卻發現眼前的人竟然也不是專家。

因此，銷售人員有責任、也應該有能力設計好銷售過程，當客戶提出違反常理的要求時，我也經常使用「提醒」「糾正」和「終止」三種常見方法應對。

❀提醒，最低強度的干涉

當顧客表現出一些不太合理的行為時，銷售人員保持冷靜地給出善意的提醒。例如：「您有什麼不了解的地方，都可以提出來」「我建議您再認真考慮一下，慎重選擇」。這個方法適用於顧客不合理的行為剛發生時，使用起來態度合宜，也沒什麼副作用。

銷售保養品時，客戶想買一罐去角質產品，來詢問服務人員，關心客戶平常膚況和使用的產品之後，我們一致覺得他的皮膚比較需要的是另一款保濕系列，因此建議客戶另行考慮。然而他仍堅持想買一開始詢問的去角質產品，我們於是改為建議他先買旅行小包裝系列，也提醒他，一開始先使用在一小塊皮膚上，有狀況立刻停用或就醫。不會為了業績而任憑客戶去購買不適合的產品，才不容易發生不再回購或客訴的情況。

糾正，直接指出顧客的錯誤

顧客若表現消極，不願意持續互動，這時銷售人員要是再任由這種情況繼續下去，顧客很可能還沒了解商品就離開店面了。這時我們可以對顧客說：「您有什麼問題可以直接問我，如果您不了解商品，就很難做出決定，我也可以提供其他跟您類似狀況的案例，供您參考。」

星巴克為了讓顧客快速又有效率地點飲料，想出大家現在都知道的星巴克詞彙，例如：中杯雙份濃縮脫脂拿鐵。如果我們排隊時用錯說法，店員會糾正並高喊星巴克正確的點法，讓店裡所有人都聽得到。久而久之大家都被訓練點飲料時會使用星巴克詞彙，客戶也不會覺得被冒犯，點飲料的效率也跟著提升。

例如：公司向心力不足，可以將內部員工輪調到其他部門學習，這樣才能體會其他部門的工作阻礙，讓各部門之間的溝通更順利。但可能造成員工離職，因此建議可以在工作淡季安排教育訓練，設計角色扮演遊戲，讓員工扮演不同部門的角色，去感受角色的工作內容和職責，並強調理解其他部門工作內容和職責的重要性，也藉此糾正員工只願意做單一部門事務的錯誤思維。

終止，主動暫停或直接結束溝通

當顧客始終堅持自己的錯誤看法，如果銷售人員強行糾正，會適得其反。但是繼續服務這位客戶，又會耗損銷售人員太多能量，無法花更多精力去服務其他的顧客。這時，我們可以先退一步並對顧客說「您可以先看看其他的品牌，也可以回家問問家人的意見，再多思考」等，鼓勵他們離開。

執行專案時，因為時間長，耗費的人力物力成本也很高，如果遇到不適合的客戶，會變成我們極大的成本，員工也必須承受莫大的負面情緒。這時我都會鼓勵客戶暫停一下，先處理目前的問題之後，再找我們來服務，反而更有效率。

每當我做品牌顧問時，遇到以下情況：建議客戶持續輸出內容，但客戶因產出品質不佳而堅持不下去時，我都會先提出終止或暫停專案的要求，避免因為對方的錯誤方法繼續下去，也能讓他們去思考公司獲利的本質，進而調整策略。畢竟若客戶的思維無法改正，一直堅持下去，也只會影響專案績效。

職場上無法期待一直遇到天使客戶，在「一種米養百樣人」的狀況下，不少業務或服務人員都沒能學會「拒絕與公司理念不合的客戶」，反而適得其反，為此耗費心神。

有時候拒絕客戶也是篩選客戶、提升業績的一環。不過我還是認為，業務的服務無疑是顧客購買的重要因素，甚至可以毫不誇張地說，顧客購買成交只有一半的原因是產品，而另一半則是因為服務。

要能做到即使對顧客說「你錯了」，還是能感受到我們是真心為他們著想，那麼你將會成為優秀的職場銷售人員。

職場人緣不好？
掌握職場做人的心理機制

要擁有好人緣，不僅需要一套人際技巧，還包含我們如何思考，唯有當自己的想法轉變了，就不會只想著有什麼辦法可以改善人緣，自然而然地就能散發好人緣魅力。

職場遇到的人個性百百種，有人陰沉獨立、有人熱情雞婆、有人經常抱怨。更有些人讓你注意到他，是因為他總能贏得好人緣，不僅同事喜歡，主管也對他有高度好感；不只是因為績效數字好，還因為他不時展現的一些好感言行。

每當客戶來公司討論合作提案之後，我都習慣整理好會議重點，並發訊息給他們：「以上是會議的大致總結，有任何想法，歡迎隨時多交流喔！」許多客戶給予我正面回饋，也經常遇到客戶說，就連透過文字訊息都可以感受到我的熱情。

無論是客戶或公司同事，經常聽到人家給我的評價是：「熱情」「喜歡分享」「互動感受良好」。仔細思考背後的原因，其實建立好感度，不只是把工作做好，還包含許多做人處世的眉角，一旦掌握這些建立好感度的關鍵心法，你也可以成為人們喜愛的人。雖然我們不需刻意討好別人，但若能在跟他人互動時提升好感度，絕對能讓你在雙方合作上擁有高契合度。

接下來從掌握好人緣的心理機制，進一步分享讓他人對你產生好感的好人緣祕密咒語，讓你的職場好感度爆棚。

✿掌握職場做人的心理機制

想要好人緣，首先要了解哪些事情會降低人們對你的好感度。

當我漸漸成為職場老鳥，開始有人尊稱我為「姊」，跟我請教工作的執行方式。我最常遇到後進的問題是：「客戶拒絕我的提案，要怎樣才能快速成功？」我也觀察到他們往往有兩種態度：

A同事：聽你說話頻頻點頭，會等你說到一個段落，才開口回話，而且還會不時讚許你的觀點，並提出自己的看法。

B同事：不停抱怨客戶有多「奧客」，不斷倒苦水，說自己提案被拒都是產品爛、配套差和客戶難搞，情緒更陷入負面循環，你大部分時間都花在讓他宣洩情緒上。

如果以上兩名同事向你請教，你覺得哪一個更能贏得你的好感度？

由此可見，職場好人緣的關鍵在於，你是否「察覺」到你與人溝通時，是以什麼樣的模式相處。

如果沒有發現自己的問題，即使學習許多加強好人緣的方法，依然會在不自覺的情況下逐漸在他人心中流失好感度。

我們可以藉由反思每次與他人的對話，你是怎麼說的：

第一，自己說了什麼？在與人交談時，我都用哪些話來溝通？

即使是糾正後輩的錯誤行為，我都會思考用字遣詞才回覆，那麼職場新鮮人在面對日理萬機的前輩，明明希望透過互動來吸取經驗，卻只是隨心所欲表達自己的困境，不但浪費別人的時間，也耗損自身的好感存摺。

第二，假如是自己聽到這些話，內心會有什麼感受？

要跟同事相處愉快，就先別把他們當成朋友。這個建議對於打造「好人緣」這點，似乎很違反直覺思考。不過我想強調的是，在工作與人共事，就會有必須達成的團隊目標，團隊中每個人的各別貢獻值也很重要，因此，就算關係再好，在工作職權上也應該公私分明，不能因此而說話態度隨便或氣勢凌人。

例如：協助客戶舉辦新品上市記者會，在團隊中大家有各自負責的工作，企劃師負責規劃流程、設計師產出設計圖樣、總籌負責與協力廠商對接，公關則是要跟網路意見領袖聯繫出席事宜。然而經常遇到的狀況像是企劃跟設計私底下特別親近，卻演變成態度上會對設計的工作指手畫腳，因此在案子告一段落之後，相處不愉快而離職。

第三，下次再溝通，又會以什麼樣的方式，讓對方感覺更舒服，增加彼此的好感？

溝通不順，歸咎他人很容易，卻不會提高工作成功率與效率。無論是對上或對下，在跟他人溝通、鬧得氣氛不快後，我經常在夜深人靜時反覆推演，下次可以怎麼改變溝通的方式與用詞，讓自己時刻保持省思，藉此培養覺察能力。

想收穫什麼，先思考你能帶給對方什麼

先前提到好人緣的關鍵之一來自「自我覺察」，不過這只是讓你清楚知道當下的你是以什麼樣的方式與對方溝通。但有時還是抓不到人與人之間的互動節奏，不知道該以什麼樣的方式改進，才能贏得他人的好感。這時就可以思考，人與人之間的好感度是如何累積的？在什麼樣的情況下，你會對陌生人產生好感？

答案是：創造出「超乎期待」的感覺。當對方聽到你的話之後，會突然對你產生興趣，並且把目光投放在你身上。

例如：突然有不認識的人對你說：「嗨！我記得你，你上次也有參加『年度科技論壇』！你對講者的提問，我覺得很實用……」僅僅是簡單的回應，對方就已經在你腦海裡留下非常高的好感度，因為人們會對於關注自己的人產生好感，這就是心理學上的「互惠原則」（Principle of Reciprocity）：對方給了你什麼，你也會想

給對方相應的回饋。

你可以藉由這種心理機制，創造你在對方心中的好感度。例如：有新人剛進公司時，對新環境總會有些陌生，這時若有人能夠親切地向他說明，像是如果你知道他的工作內容有書面的參考資料可以看，你就先提供給他閱讀，讓對方感受到你的善意，因為你給予的正好是對方想要的——新人都想快速了解工作內容，融入同事，你就會在對方心中留下深刻的印象。

想帶給對方好感之前，先站在對方的角度來想：對方在乎的是什麼，我又能帶給對方什麼價值。你可以藉由以下三個思考點來檢視：

- **需求確定：對方想要什麼？**
- **價值創造：我擁有什麼是對方需要的？**
- **超出期待：能否在既有的需求上，創造超乎期待的價值感？**

當你能夠在話語中傳遞出你在意對方的訊息，對方也會漸漸意識到你的存在與善意。

✿加強好人緣風水的祕密咒語

有時候你即使知道該怎麼做，但就是不喜歡對方，難免心想：那我還要這樣做嗎？遇到這種情況，你需要回過頭來問自己，為什麼會產生這樣的念頭？是因為嫉妒？還是對方曾經做了什麼讓你感覺不好的事？

仔細推敲之後，你會發現，這往往不是別人的問題，大多是我們打不開心結。想減少這種情況，我透過一個祕密咒語來加強自己的好人緣風水，這個咒語是：「專注自己能掌控的領域」，並且「主動積極」（Proactive）。

《與成功有約》提到，只關注自己能夠掌控的部分，能夠改變的始終只有你自己。在你能掌控的地方「主動積極」，每當你用相同的心理狀態來面對時，久而久之對方也會用相同的態度對待你。

我住的地方比較靠近郊區，通勤時間較長，又希望工作結束後可以擁有更多親子共處時間，因此建議客戶盡量用電話或視訊會議溝通。起初許多客戶覺得這樣的溝通方式不好，而失敗掉件。但我從沒放棄遠距的溝通方式，每次電話或視訊會議的最後五分鐘，我都不忘誇獎對方是新時代工作的先驅，久而久之，大家都習慣跟我遠距溝通，甚至有不少客戶完全沒見過面，就完成合作專案。

從心理機制創造彼此連結的「互惠原則」，再到個人「主動積極」的心態，要擁有好人緣，不僅需要一套人際技巧，還包含了我們如何思考；唯有自己的想法轉變了，就不會只想著有什麼辦法可以改善人緣，你自然而然就能散發好人緣魅力。

有溫度的應對進退，讓你少損失一萬五

我走到飯店門口，主動表示我來拿昨天遺失的耳環。飯店人員進去通報後不久，所有門房、櫃檯全體動員，態度異常親切，比起前一天殷勤多了。這到底是怎麼回事？

記得那天外頭冷颼颼的，氣溫只有八度，我依然得在不同場域趕場穿梭。為了禦寒保暖，我拖著二十五吋的行李箱，裝滿準備換穿的衣物。下午是以正式套裝主持研討會，晚間則要換上晚宴禮服。換裝加上通勤移動，大約只有四十分鐘的時間，相當緊湊。

研討會結束後，我套上保暖的長褲及外套，行色匆匆，心裡一面惦記著快馬加鞭趕到下一個工作地點，一面盤算如何最快抵達，好讓我有足夠的時間換裝。

我正要走出飯店時，門房幫我拉開大門。冷風迎面襲來，他微笑地問我：「需要叫計程車嗎？」寒風瑟瑟，又看到他因為天冷而略微生硬顫抖的笑容，讓我放緩了腳步。

我發現他沒戴手套、圍巾和帽子，長時間站在沒有遮蔽的室外幫客人開門、叫車，雖然穿著厚外套，但露出來的身體部位一定被寒風吹得很不舒服吧？

我笑著回應：「不需要，我要搭捷運。你在這裡很冷吧！」

他一聽立刻提高了音量，好像很久沒人注意到他了：「是啊！今天真的很冷！」

我說：「你快去多穿點衣服，若外面一定要穿制服，裡面可以加件發熱衣保暖喔，晚上會更冷呢！」

搭上捷運後，我整個人又快速回到高效運作模式，邊背稿子，邊掏著背包拿東西，這時我才赫然發現，我把一副價格不斐的耳環遺留在飯店的洗手間了！

但看了看時間，我心想：現在趕回去拿，鐵定來不及了，但要是弄丟了又覺得心疼可惜。於是我趕緊打電話向飯店人員請求協助，幸好對方回覆找到了耳環，也幫我收了起來。真是太幸運了！

✿找回遺失的耳環，不只是運氣好

隔天，我回飯店取耳環，走到門口主動表示我來拿昨天遺失的耳環。飯店人員進去通報後不久，所有門房、櫃檯全體動員，態度異常親切，比起前一天殷勤多了，甚至特地搬張椅子讓我稍做等待。在大廳一角坐著特別搬來的椅子，真是奇妙的感受！

每個經過的人都說：「喔，原來是這位小姐的耳環！」

我忍不住問站在一旁值班的門房，到底是怎麼回事？他跟我說，昨天值班的門房對他們說，有位小姐很親切地給他保暖的建議，他下班要去買一件發熱衣。他說完不久，又接到電話詢問遺失的耳環。因為是平日下午的活動，經過的人不多，我在電話中說明可能遺落的位置，甚至清楚指示在二樓洗手間進去第二間的置物檯上，所以他們對這通電話印象深刻，同事間便同時聊著這兩件事，沒想到故事的主人翁竟然是同一位！

而我那副價格不斐的耳環，不但沒有被人順手牽羊、占為己有，還能立即尋獲、物歸原主，真的只是我運氣好嗎？

我認為有個最關鍵的因素，是因為我對常被大家忽略的門房表示關心，真誠地給予他保重自己的實用建議；而在電話中尋求協助的態度，不是要求而是請求，沒有焦急而是親切清楚的指示，充分表現我對飯店職員的尊重，才能讓櫃檯、門房和禮賓司都樂意全力協助，也讓我沒有白白損失一萬五千元！

微笑法則適用每一刻

在職場上也是一樣的道理，大家都只習慣對老闆、主管保持良好的應對進退，卻常疏忽每個有交集的人都同樣需要關注。有人甚至會輕視某些部門或職位不如自己的同事。事實上，他們都是跟你一起並肩作戰的隊友，若因為你平日的怠慢輕忽，而不願意在你有難時伸出援手，日後在工作上也有可能碰壁。

建議不是提出問題

職場上能指出問題的人很多，而能給予真誠建議，並設身處地為他人設想的卻很少。若只是提出大家都想得到的建議，不但可能帶給他人更多問題，還讓人有故意找碴的錯覺。若能提出真正考慮到對方處境的解決方法，會讓人感激在心，甚至樂意分享你的好。

表達對職人的尊重

每個人對自己的職業或多或少有一點榮譽感，但往往因為社會的刻板印象，很難有機會對他人表示自己為這份工作感到榮耀。人們總習慣給予社經地位高者，（如：醫師、會計師、律師等專業人士）無上尊榮，其實對於生活中接觸到的各種職人，也應該表達尊重，他人越是不留意之處，我們越應該要多用心，因為他們都是在日常中默默幫助我們的夥伴。

從這個案例，我想表達的不只是對人的親切，更是對職人的尊重。這些看似微不足道的關心與付出，在你日後遇到問題時，就能轉化為促使周遭的人對你心甘情願神救援的正面反饋。

你不是沒有執行能力，而是缺少執行步驟

常聽到無法如預期完成工作的理由是：給的時間不夠多，給的資料不多，沒有教執行的方法。

工作能力強的人之所以執行效率高，在於他們知道自己要做什麼，並能夠排除任務執行中的各種干擾。

你是否曾下定決心做某件事，卻遲遲沒有任何進展？這可能是因為你預定的方向與執行意圖不清，不知道怎麼執行，或是誘惑太多，沒有動力去做。但這不代表你沒有執行的能力，而是缺少清楚的執行步驟。

「先研究一下這個新的服務項目，三天後跟我討論怎麼向客戶提案。」三天之後，我通常會看到所有網路上找得到的資料，卻沒有執行方案或方向的佐證。探究

原因，聽到的理由常是：給他的時間不夠多，給他的資料不多，沒有教他執行的方法。

反觀我的得力助手小西，當我看到未來的趨勢是企業有線上直播的需求，請他調研我們團隊是否有能力執行。三天後，他不但找到市場上的最新資料，還盤點公司團隊的人力，分析可由內部執行或找外包的協力廠商，我就能依此判斷是否可以承接客戶的需求，或主動向企業提案。

我們每天都有各式各樣的任務待處理，如何知道自己該做什麼，以及有條有理地執行，可說是職場基本功。許多公認工作能力強的人，執行效率都非常高，主要在於他們知道自己要做什麼，並能夠排除任務執行中的各種干擾。

想擁有高效執行力，先問自己三個問題

想具體提升執行力，其實只要完整回答以下三個問題：有沒有意願？有沒有能力？要做哪些事情？

Why：有沒有意願？

對於這件事，你執行的動機。

用 Why 的角度來構思，你要有意識，為何這件事要由你來執行。唯有明白行動目的，才能主動拒絕外界誘惑；反之，如果你很容易被誘惑吸引，就說明你個人對此執行的意願並沒有很高。

如果是在企業裡，你可以反問自己，這份工作對自己的職涯有什麼收穫，不只是看到現在做事的成果，還要拉長時間來看。

例如：我曾任祕書職，許多人只把祕書當成一般的行政職務，但我卻在執行過程中不停思考這些行政工作對未來職涯的幫助。現在我帶領團隊，也很要求夥伴的行政能力，因此許多客戶回饋給我們的好評是「很少遇到合作廠商的業務團隊，給文件資料和時程都掌握得這麼清楚」，這也代表我過去走過的路沒有白費。

How：有沒有能力？

你現有的能力、技能，能不能支持你完成任務。

用 How 的問題來構思，包含時間和能力的分配，以及中間會經過哪些階段步驟，確認你完成任務需要投入的時間，以及現有能力需要花多少時間完成。

What：要做哪些事情？

用 What 的角度思考，就是用成本與效益的觀點看待工作任務。不論是公司或是個人資源永遠有限，我們要清楚分辨執行任務的關鍵是什麼，也就是找到最重要的那一件事。

從這三個問題來思考，你在做一件事之前的動機、能力與關鍵目標等，能幫助你在執行時更貼近預定的目標成果。

找到關鍵目標：不是每件事都很重要

提升執行力很重要的一點是：**學會拒絕，聚焦在真正重要的事上**。如果覺得每件事都很重要，就沒辦法知道自己該做什麼，重要的事不忘先執行。

還有些階段性指標需要先完成，才能推動整個工作任務繼續進行，也要記得先執行。

另外，也可以用圖表繪製執行過程，例如：可以使用「甘特圖」來量化、可視化專案進度表，一方面能讓團隊成員知道自己現在的位置，另一方面也可以判斷每個人離達成目標還有多遠的距離。

高效的執行力關乎個人能力系統的整體提升，當你掌握以上要點，就不會只著眼於單一面向，也才有機會讓執行效率顯著提升。

·Part 6·
團隊成就，勝過一人成功

跟頂尖人士學主持會議

一群人圍在一起商議要事，總免不了開會恍神、離題、超時……學學頂尖人士都重視的開會技巧，從此提升會議品質！

只要跟他人合作，你一定會經歷常見的溝通場景：開會。

我有一名學員因為被公司派任主持尾牙，而找我上一對一教練課。圓滿完成尾牙任務後，也引發他對公眾表達的興趣，進而詢問我在工作上可以繼續運用的場合，於是我建議他平時多爭取主持公司會議、外派任務、外賓接待等。

後來，他只要遇上沒主持過的陌生活動，都來向我請教需注意的細節，因為認真準備的他，每次主持都大獲好評，經常被各部門主管借調協助短暫任務。

無論是參加他人或我主持的會議，每週大約要開七到八場。開會是確認彼此共識和推進任務分配的重要溝通方式，但也不免演變成總有開不完的會，而且會議流程繁瑣又冗長，經常導致會後大家不知道各自該做些什麼，或是沒有共識。

我常遇到學員說：「老師！我是公司小咖，不可能主導會議進行！」但大家常常忘了，經常參與會議的我們，只要握有主持發言的機會，就能掌握並提升會議效率，解決開會恍神、離題的問題。當主管發現你的發言與引導能力比其他人好，就會放手讓你籌劃會議流程，你也能握有會議主導權。

多年的主持經驗，加上近身觀察過許多優秀的會議主持人，我歸納出以下幾個會議前、中、後可以準備與學習的技巧，幫助你與團隊討論時更流暢、順利。

如果你是會議主持人，要確保流程順利進行，包含：說明會議主旨、會議流程，引導會議的討論等。會議前，最好先確認參與者對開會目標的理解，會議中，則可以針對主持會議開場做前置準備、留意如何提升會議品質。

會議前：確保參與者對會議的理解

會議前需要讓大家知道這次會議的目的，你可以先問自己以下三個問題：

- 為什麼有這次的會議？
- 哪些議題需要在會議中討論？
- 會議的結果是什麼？

通過對這些問題的理解，能幫助你掌握會議為什麼會訂這個主題、需要在會議中決定哪些事情、期望的結果是什麼，以及最後有哪些相關人士需要參加會議。

開場的前置準備

每場會議一開始，都需要會議主持人開場，主要是讓大家知道，聚在這裡是為了做什麼。開場要說的內容是幫助與會人員快速理解會議的用意，因此會議主持人的開場白需要包含：會議主題、開會流程、參與對象、注意事項。

結合上述要素，開場引言範例如下：

大家好，歡迎﹝參與對象﹞來參與這次的會議，本次會議的主題為﹝會議主題﹞，主要是為了解決﹝會議結果﹞……會議過程需要注意﹝注意事項﹞……

以上範例讓你在會議開場時有清楚的架構，知道要講哪些重點，也能幫助大家在短時間內掌握會議相關事項。

會議中：提升會議品質的兩大主持技巧

主持會議時，會議主持人需要營造良好的開會氛圍，並在會議不同階段提供適當的引導。例如：創意發想階段，需要引導大家分享觀點，讓意見充分交流。如果討論方向逐漸偏離主題，主持人需要適時引導，讓討論方向聚焦在原定的主題上。

開會報告技巧也很重要，能幫助你在主持流程中順利推動會議前進。以下分享兩大提升會議品質的兩大主持技巧：

結果導向

就是以會議結果為衡量指標。主持人在會議引導上，需要設法聚焦到會後可以具體執行的行動上。

結果導向的討論，基本上可分成兩階段進行：

第一，希望達到的成果是什麼？（What to do?）這階段要探討的是：我們想做也希望做到的事情。

第二，怎麼執行？（How to do?）如何有效執行的方法。

通過「What to do」和「How to do」兩階段的討論，讓會議的討論過程逐漸聚焦到如何執行的行動面上。

總結收斂

會議主持人需要不斷將討論的內容收斂，讓大家清楚知道會議的總結事項、掌握這些分享訊息之間的關聯、在腦海裡描繪出內容架構。如果不擅長總結，可先試著在紙上寫下對方說的關鍵字，透過「歸納法」「心智圖」來釐清內容架構。身為會議主持人，要在會議快結束時總結這次會議的內容，讓大家再次理解會議討論事項，以及會議結束後各自執行的重點與方向。

不只一位學員給我回饋，一開始只是想將公司會議主持好，卻意外在最短時間了解公司各部門的運作，又認識許多同事和長官，跟他們合作，而且在大家的心目中留下會做事、有能力的印象。不但年終獎金豐碩，也很快獲得升遷，學習主持難道不是改變了他們的一生？

從職場常見溝通場景，學會高效團隊溝通術

要借助大家的能力，
你需要先理解團隊中的每個人都扮演著不同的溝通角色，
掌握與大家對話的要點，讓同事、客戶和老闆都安心。

剛創業時，因為是一人單打獨鬥，我總覺得只要把自己的工作做好，就算是完成任務了。客戶要求的我若做不來，就直接轉介他人，至於他人的服務如何，就與我無關。

有次我接了一場主持活動，客戶詢問我是否有人手協助進場的前置作業，我當時是一人公司，當然沒有多餘的人手，於是我想，轉介一個認識的工讀生過去就好了吧？結果工讀生經驗不足，忘記清點客戶會場要用的物品，少帶了電腦的電源線，

只好折回辦公室拿，就少了半小時準備，也讓我少了跟客戶彩排的時間。

創業一段日子之後，我終於理解有固定配合團隊的好處，不但默契十足，溝通的時間也快。

團隊溝通之所以重要，就在於你不會以一人視角來做事，而是需要做到「如何傾聽」（往內理解對方的想法），還有「如何說」（對外精準傳遞訊息），讓一個人透過與其他人通力合作，達成更高更大的目標。

要借助大家的能力，你需要先理解團隊中的每個人都扮演著不同的溝通角色。

❀團隊合作要成功，適時切換三種溝通類型

跟不同的人要懂得用不同的方式溝通。例如：有人在團隊中扮演協調者，引導大家提出不同觀點或想法；有人扮演決策者，負責讓討論達成共識；有的人是支持者，給予對方支持論點。

進一步釐清每個人對溝通的需求，會發現各有各的重點，大致可分成三種溝通類型：**重點型溝通**、**細節型溝通**、**概念型溝通**。

今天假設你今天要跟不同人合作或提案，溝通或簡報的呈現方式也會大不相同。

重點型溝通：決策者、執行長、部門主管

需要整理重點，並且是有目標、方向性的描述。

溝通要點：用一句話點出繁雜事項背後的重點，找出問題關鍵。若你是提案人，簡報要先把結論放在前面，盡量列點整理資料，並把每個列點後的決策影響成果寫清楚，方便決策者判斷。

細節型溝通：執行者、部門單位

需要把資料準備充足，條列細節，以及思考可能延伸出的事項。

溝通要點：明確說出你的規範、要求，附上相關流程圖、負責人。若你是提案人，要把全貌做成流程圖，並且清楚寫出每個流程的人事物資源分派與專案工作細節。

概念型溝通：策劃者、創意團隊

需要先了解現況，依此設定目標，建議運用什麼樣的創意方法來達成。

溝通要點：藉由故事來掌握概念，聚焦在做好這件事的意義上，確認訊息同步傳達給每個人。

若你是提案人，要賦予團隊做這件事最大的意義，並用生動的方式呈現，可以給團隊成員不同的方案選擇，不必給答案。

配合工作場景，高效溝通

從上述說明可以知道，必須先清楚辨識團隊成員的溝通角色，隨著溝通者的特點不同，切入的重點也要跟著調整。

從職場中常見的四種「溝通場景」視角來分析：一，**工作溝通：請教他人**；二，**工作溝通：指導他人**；三，**專案溝通：任務回報**；四，**會議溝通：明確目標**。理解在不同的職場情境下，你溝通的重點。

工作溝通：請教他人

當你在工作中遇到問題、不會做時，心裡一定很慌。記住，在急著請教他人之前，先知道問題出在哪裡，可以省下別人搞清楚你問題的時間。基本上不出這三類：

- 為什麼：不知道為什麼要做。
- 做什麼：不知道有哪些執行重點。
- 如何做：不清楚過程怎麼執行。

請教他人時，先明確理解你現在的問題是什麼，對方為你講解時才會有清楚回覆的方向。比如公司臨時要你開一場線上會議，你有些地方不確定，想進一步詢問，需要先釐清以下問題：

- 為什麼：你不知道為什麼要開線上會議。
- 做什麼：你不知道舉行線上會議的重點是什麼。
- 如何做：你不清楚怎麼執行遠距會議的過程。

當你能夠清楚知道自己的問題點，對方也能更準確提供你需要的做法，也就能提升他人對你的溝通好感度。

工作溝通：指導他人

你也可能遇到其他同事有不懂的地方，來尋求你的協助與指導。如果你發現對方不太清楚問題需求，你也可以幫他釐清現在的問題點。

當你清楚對方的問題方向後，就能據此回覆：

- 為什麼：告訴對方這件事的重要性和價值，如果不做，會有什麼樣的影響；如果成功，會有什麼優勢。
- 做什麼：如同流程圖上的各階段時程，每個時間點上該完成哪些任務目標。你可以針對當下的工作，找出哪些是重點，以及這些重點的先後順序，還有呈現的樣貌。
- 如何做：步驟化一步一步指導，從第一步，該如何做到最後一步。對於如何做的溝通重點，除了講述步驟外，還要讓對方連結每一步之間的做法。最後你需要總結出來，或是讓對方重複一遍。

專案溝通：任務回報

職場溝通中，出現頻率頗高的溝通場景，卻也常被忽略的是專案溝通的任務回報。不論是對主管、經理，還是執行長，只要主管交辦任務給你，就必須清楚回報現在的進度。

精準的任務回報能讓你在主管心中產生信任感，未來有重要專案時，你也能成為公司屬意的執行者。

任務回報除了講述現在執行的進度重點，還包含需要跟進的細節：

- **執行進度：**
完成事項：哪些事情已經解決，描述成果狀況。
跟進事項：哪些事情需要跟進，提供預計時間。
- **跟進細節：**

跟進成果點、相關人員、截止時間。

除了上述重點，你還可以透過「5W1H分析法」來檢視，從時間、相關負責人等面向，全面思考需要考慮的環節。藉由任務回報的思考點，反思每一次的任務回報溝通中，有哪些地方可以說明得更好，又有哪些資訊需要強化等。

會議溝通：明確目標

第四個常見的溝通場景就是會議，在此主要針對會議主持人或會議引導者。如果你今天要主導會議進行，首先要理解幾個會議重點，才能確保有效溝通，還有實際的成果產出。

- **會議目標**：會議一開始，讓大家清楚知道這次開會的溝通目標。當目標清晰後，過程中引導大家聚焦在目標上。
- **會議事項**：條列出目前有哪些事項需要解決，以及有哪些解決方案。讓大家看得到會議的進程現在討論到哪裡了，還有哪些事項待討論。

・**會議總結**：會議結束前，針對這次想解決的問題，整理會議中討論了怎麼解決，以及有哪些重點。

也可以參考前述「任務回報」的執行進度與跟進細節來分析。更多具體內容請參見第六部的「跟頂尖人士學主持會議」一文。

現在的溝通方式多元化，不只局限在面對面的溝通場景，還包含通訊軟體、社交平臺、電話溝通、電子郵件等多種管道。但即使如此，團隊人際溝通的心法與原則是共通不變的。

掌握以上要點，就能讓同事、客戶和老闆都安心，提升你的職場好感度！

想帶好團隊，新世代主管必修「好感帶人術」！

優秀的執行同仁不一定都具備溝通能力，更不具備通靈能力，在應該打團體戰的時候，有些主管仍抱持個人英雄主義，期待其他人了解他們表達的內容，卻往往落得身邊無強將的窘境。

「這份簡報應該先講結論，再說明補充資料，例如：第五頁要移到後面，最後幾頁的簡報應該往前挪，這樣知道了嗎？改好再給我看過。」

稍早明明點了頭、允諾我會調整簡報檔的部屬，努力一下午再提出的修正版，跟我期待的依然差距甚遠。

雖然我當時沒有立刻找到解答，卻發現一個有趣的現象：

當我交辦任務時，用的如果是模稜兩可的命令，或是浮誇的字詞，例如：「最好」「無條件」「盡快」等字眼，加上我新官上任，與部屬之間尚未培養出足夠的默契，對方執行的成果往往與我的期望落差最大。每次交流難以達到共識，我跟部屬總是感到很氣餒。再加上沒有清楚的溝通下，部屬經常敷衍了事，為完成而完成，導致整個專案卡關。

雖然自己做比教人還快，但團隊的工作這麼多，總不能永遠都大小事由你一肩扛起。

我理解到自己跟部屬在年齡、經歷、學習路徑都有資歷上的落差，溝通上的差異必然發生，也因此花費許多溝通成本。尤其新任主管往往是個人的執行力強過指導他人執行，所以我需要一套「精準溝通」的方法，讓我在傳達指令時，不只有成效，還能增進部屬對我的好感度。

交辦團隊任務的三種思考層次

談到精準溝通的典範，非第一線醫護人員莫屬。

當急診室出現心肺功能停止的重症病患，醫護人員必須在短暫的幾十分鐘內搶救。這時，他們必須清楚知道每個指令和團隊彼此如何搭配互補，要是少了有效的精準溝通方式，可能導致病患喪失寶貴的性命。

對企業而言，溝通失誤會帶來看得到與看不到的損失。看得到的是以數字表現出來的績效、財務狀態；看不到的則是團隊成員對主管的信任度降低，彼此逐漸疏遠。

身為新任主管的你要如何避免話語模糊不清，讓部屬知道重點是什麼呢？我們可以運用三層次思考的「5W1H分析法」來檢視自己交辦任務時，是否在各個層面都設想周全。

首先，把交辦的事情以5W1H一一寫下：why／what／where／when／who／how。

接著，再以三層次思考，確保交辦事情的視角更為全面：

第一層「全面思考」：主要傳達做這件事的主因，以及盡可能完整的內容。

接著進入**第二層「延伸思考」**：思考相關的延伸問題。

最後是**第三層的「反推思考」**：這時你要站在部屬的角度來反推，對方到底在意的是什麼？藉此檢視部屬的關注重點，以及他們還有哪些容易疏忽的細節。

例如：公司要舉辦年度股東會，我將工作事項交給屬下執行。以股東會舉行的「地點」（where）這一項為例，第一層「全面思考」可以先寫下過去舉辦過的所有地點。

第二層「延伸思考」可以跟部屬討論，如果不選這些地點，其他可行的替代場所。

聽他提出的替代方案，就能知道他的想法跟你的思考之間的落差，而進入第三層「反推思考」。

比如：部屬提議「某某商務中心」，你可以回問：「哪一廳？為何選這裡？在這舉辦會有什麼優缺點？」從問答中補足對方沒有考慮周全的地方。

優秀的執行同仁不一定都具備溝通能力，更不具備通靈能力，在應該打團體戰的時候，有些主管仍抱持個人英雄主義，期待其他人了解他們表達的內容，其實這是上位者向下壓榨，往往落得身邊無強將的窘境。

若主管能與部屬精準溝通，讓屬下知道每個指令該如何確實執行，經過一段時間的磨合，將逐漸累積你與團隊成員之間的信任感，部屬不但越來越知道該做什麼、怎麼做，也更清楚什麼是公司最重要的目標，最終得以完整發揮團隊戰力。

展現團隊影響力：找到你的擅長位

團隊之所以能創造「一加一大於二」的效益，就在於裡頭每個人都在適合自己的位置上，發揮所長。你必須不停自問：在團隊中是否待在擅長的位置上？是否為團隊帶來最大價值？

我年輕時擔任公司職員，基本上只要完成上頭交辦的工作任務，就已足夠；之後我一人創業，擔任活動主持人，成為自由接案者，也只須做到客戶的期望與要求，掌握好自身表現，上臺盡力發揮即可；然而，等到我進一步擴大事業版圖與規模，開始承接更大的活動和婚禮規劃案件時，初期在與他人合作上遇到不小的挫敗，比如：交期到了，合作廠商卻還沒完成工作，或是我不滿意廠商交出來的成果。

大小事情全在同一時間冒出來，我根本無法一人掌控所有人的動向，可身為團隊領導人卻得事必躬親，把財務長做成總務長的感覺，實在很不好受。於是我開始思考，團隊合作最大的價值是什麼？

找到每一個人的擅長位

團隊之所以能創造「一加一大於二」的效益，就在於裡頭每個人都在適合自己的位置上，發揮所長。每個人都是團隊中不可或缺的角色，如同在自然生態裡的生物彼此共生、互補，共同成長。

團隊合作的價值可從兩方面評估：

擅長位：個人價值的最大化。每個人都在自己擅長的位置上。

互補性：共同創造的價值網。每個人的專業相互構建，形成一股綜合團隊力。

身為專案領導人，我擅長的是看見案子的全貌、喜歡調研並整理資料，提出他人看不到的觀點，適時補正。因此我需要找到具互補能力的團隊成員，最好是執行能力強、反應能力快，不會因為對我的指令感到疑惑卻遲遲不討論，而停滯不前，態度被動。

優秀的團隊絕對不是一個人的能力強就好，再強大也無法負荷所有的工作量，團隊合作就是要分工完成，讓每個人釋放自己的能力，為團隊共創成果。你必須不停自問：我在團隊中是否待在擅長的位置上？是否為團隊帶來最大的價值？

新時代合作法則的「推力」與「拉力」

團隊戰鬥力的組成基本上可以劃分成兩種力量：一種是向外的「推力」，另一種是向內的「拉力」。要發揮團隊戰力，團隊裡每個人的觀點、價值觀是否一致，推拉之間的分寸拿捏是關鍵。

- **拉力**：團隊願景。大家知道要往哪裡去，能夠清楚描繪出方向與創造的成果。
- **推力**：團隊的支持助力與合作共識。團隊內彼此相互支持，共同開疆闢土。

團隊拉力：願景導向

團隊願景就是讓每個成員心中對實現目標有具體的畫面感，燃起大家前進的動力，把個人做事的心態、能力與精力，聚焦在實現團隊願景上。

一九六〇年代，當時的美國總統甘迺迪提出要在十年內讓美國人登上月球。雖然只是一句話，卻在全體國民的腦海中清晰描繪出登月的畫面感，各個行政部門、相關事業單位，從政府到民間都知道自己的目標，清楚要做哪些事情才能實現團隊願景，齊心協力朝登上月球的方向邁進。

每一次我接下新的婚禮企劃專案，每組客戶喜歡的廠商都不同，組成的專案夥伴也跟著改變。因此每次找齊團隊之後，我會跟夥伴進行願景對焦：在我陳述完團隊願景後，會請一到兩位成員分享願景的畫面。接下來請每一位敘述要完成這樣的畫面，你要做的最重要的事情是什麼。如此一來，就能確保團隊夥伴的目標一致，也清楚知道自己的工作職責。

團隊推力：合作共識

團隊推力——就是每個人在合作過程中清楚意識到自己為團隊創造的價值，對價值感越認同，就越能強化團隊合作意識。其中你還需要培養兩種意識；責任意識與成果意識。

．責任意識：為未來職涯向上發展做準備

所謂「責任意識」不只是局限在個人的職責，而是擴大視野，包含到整個團隊的責任。這能幫助你在未來成為管理階級、在當責觀念上做好準備。

在團隊裡培養責任意識的時機，最主要在「犯錯」的時候。如果你在工作上犯錯時只會設法隱匿，甚至逃避承擔後果，久而久之就會覺得隨便做都沒關係，推給別人負責就好。

所以在培養「責任意識」上需要清楚知道，當這件事沒有達成時，對個人會產生的結果，對其他人又會帶來哪些負面影響。與此同時也可以想像，如果成功了，會為個人還有團隊帶來什麼價值。像這樣仔細思量：

任務成功→對「個人」與「團隊」的影響是什麼？

任務失誤→對「個人」與「團隊」的影響是什麼？

當你清楚意識到這件事不只關乎自己的責任，還包含整個團隊的成功與否，就不會只覺得做完自己手邊的事就好，而會去了解團隊現在的進度，現階段遇到的問

題，以及每個人在其中扮演的角色。這也是管理階層在完成任務時須具備的思維。

．成果意識：逐步分析問題的執行細節

成果意識是不斷問自己，你現在做的這件事產生的成果。例如：將客戶服務得無微不至，得到的成果是什麼？如果想到的成果是：透過我們的服務幫助客戶成就更好的自己，這樣基本且模糊的成果描述還不夠具體，要進一步問：「如果要實現目標，需要從哪個地方著手？投入多少精力來完成？」

當問題聚焦在成果，並且不斷深入分析後，會從處理現狀提升到目標思維，開始全面構思你需要投入的資源、合作的單位和支持系統等。

藉由成果意識不斷把現有問題拉近到具體、可執行、可呈現的畫面，就會知道該以哪些方式達到目標，最終規劃出**解決事情的邏輯鍊條：釐清問題↓解決目標↓執行方式**。

例如：在疫情期間遇到許多業務開發問題，無法到店拜訪客戶就是其中之一。解決事情的邏輯鍊條就會像這樣：

釐清問題：疫情無法面對面拜訪，跟客戶沒有見面三分情的接觸。

解決目標：見面跟客戶維繫感情。

執行方式：將文字訊息表達得更有溫度、用視訊跟客戶線上見面。這樣便能很快找到解方，迅速調整做法。

懂得團隊合作可以幫助你拉開與他人之間的成就差距。身處在團隊中，你不再需要每一項能力都很強，只需要專精擅長的領域，在團隊內發揮個人優勢，就能透過團隊的力量放大，這也使「團隊力量」比起「個人能力」在這個時代顯得更為重要。

一旦參透上述團隊合作心法，在職場發展的道路上會有更多人樂意跟你合作，從而累積在團隊裡的影響力。

如何跟不好相處的同事和平共事？

只要有人的地方，一定會有你喜歡和不喜歡的人，比較糟糕的其實是你的「心態」，如果一跟同事不合就想離職，反而顯現一個問題：你的職涯重心失焦了，是不是找不到自己真正想要的是什麼？

每到過年前，就會遇到許多剛畢業不久、進入職場半年左右的年輕學員問我：「進入新公司無法適應，怎麼辦？」

小陳是我公眾表達班的學員，二十六歲的他在高壓的活動企劃公司服務，這是他的第二份工作。因為剛進公司，對工作不熟悉，小陳經常遇到同事口氣差，或是為了爭功而耍手段，小動作頻頻，雖然知道那是其他人維護自己的正常表現，內心還是冒出跟同事不合、想離職的小聲音，看到討厭的同事做任何事都不順眼，也跟著影響上班心情。

在新的工作環境中，不只專業能力要跟上，還得在新環境建立人際關係。然而，遇到沒有耐心的前輩、互相競爭的同期，還有愛八卦、探人隱私的同事，你猶如誤入叢林的小白兔，這時要如何跟不好相處的同事和平共事呢？

如果跟同事相處不來就離職，難道每到一個新環境，一碰到磁場不合的人就只能摸摸鼻子自認倒楣、轉身離開嗎？

前輩口氣差，該如何順利化解？同事小動作頻頻，該如何快速調整心態？這些不好相處的同事背後，你真正該在意的重點到底是什麼？

面對職場小人，你要內心強大

仔細觀察工作環境裡的職場強人，你會發現他們與人共事時，往往有一種共通特質：儘管與某個同事鬧翻或是心裡超討厭某人，他們的工作還是能繼續做下去，並且創造好績效，原因是他們**「不急著跟討厭的同事相處」，反而告訴自己：「為什麼要讓同事影響心情？」**

其實只要有人的地方，一定會有你喜歡和不喜歡的人，他人守護自己的業績領土與資源，也是人之常情。比較糟糕的是你的「心態」，只要與某人職場關係不合，腦海冒出的第一個想法就是「離職」，開始陷入「逃避」「對人不對事」的負面漩渦中。

遇到這種情況，你要內心強大，強而有力的心智能讓同事無法影響你的心情，你的思緒才能做出清楚判斷，正常執行工作任務。

討厭別人，往往是不了解自己想要什麼

人的行為表現都是思緒的投射。主管罵你，你覺得他沒有領導能力；前輩沒有和顏悅色教你，你覺得他沒有耐心；其他部門同事的提案，你覺得沒有創意。這往往是一種「投射效應」——把自身的想法和特性投注在別人身上，而且嚴格看待成果，這其實是因為你自己也提不出更好的解決方案，只好先把身陷困境的感受投映到他人身上。

這時候如果換個角度想，專注在「如果是我，會拿出什麼提案」「如果我成為主管，會怎麼引導新人」，如此一來，就會**把自己的思緒從「人」拉回「事」本身**，

從專注在「問題」拉回到找出「解方」。

事實上，職場高手不會因為與同事關係不合，就動搖完成工作任務的意志。如果你一跟同事不合就想離職，反而顯現一個問題：你的職涯重心失焦了，是不是找不到自己真正想要的是什麼？

同事好不好相處是職場偽命題

儘管同事口氣差，導致你內心不快，產生不好的想法，但只要花時間沉澱下來，你會了解待在一家公司裡，最重要的目的是——獲得職業發展的機會！你進職場工作，是為了賺更多錢、獲得更好的發展空間，還是為了要跟同事相處融洽？

要是工作環境真的不如意，與同事關係欠佳，你只要維持基本的禮貌——「相敬如冰」也就足夠了。職場關係是幫助你達成目標的方式之一，但還有更多你可以投入開發的職場能力。

還記得小陳嗎？我建議他先別管同事是討厭還是討人喜歡，而是觀察前輩每一次向客戶提案時的簡報亮點、主管給前輩提點修正的要點，以及客戶買單關心的重點。把心思花在做這些實質的紀錄，就會忘卻眼前這個人，也不會心生過多厭惡情緒。更棒的是，每次製作提案前翻開這本寶典，雖然不保證可以做出最優秀的企劃，但至少可以避免犯下前人的錯誤，讓自己不踩雷。

同事態度差、不好相處，其實是職場偽命題，真正該專注的重點是你在這個職場裡有沒有辦法持續成長。即使你與同事、主管相處再融洽，現在的工作如果沒有辦法讓你獲得向上發展的能力，就很難有更多學習與成長的空間，這種時候再來考慮轉職，對你才會是一次機會。

梳理清楚自己現階段職位上的學習收穫與發展空間，你的思緒就不會隨著環境變化而漂流不安。

如何給團隊成員有效回饋？成爲管理者的溝通必修課

給予同仁回饋時，不能看到問題就直接講出來，在說出口前要先確認，對方是否願意接受你的回饋與指教，才不會徒增人際摩擦。

過去我遇過的老闆和上司，雖然給予我許多指正，但從來沒用過情緒性字眼，我完全不覺得被針對；然而創業後，我在社交場合中遇到形形色色的前輩先進，有的人雖然是出於善意給我建議，說出的話卻讓我感到不舒服，這也提醒我日後在帶領團隊和指導學員時，特別留意給予他人回饋的方式。

其實在職場上與他人合作時，常需要給他人建議與回饋，如何有效反饋他人也是職場溝通必懂的技巧，要是大家只會埋頭做自己的事，不懂得適時回饋，最後的成果往往不如團隊期待。

有效回饋三原則：關係、對標、原因

在職場給予同仁回饋時，不能看到問題就直接講出來，在說出口前要先確認，對方是否願意接受你的回饋與指教。就像家長在管束小孩，如果孩子做的事不符合父母期望，就不斷唸孩子，只會讓他們心生厭煩，甚至出現抗拒行為。因此給予回饋之前需要先理解，怎麼讓對方願意接受你的回饋，以及怎麼觀察對方的反應來調整自己的溝通方式。我認為至少要留意三個回饋原則：**關係（建立信任感）**、**對標（確認彼此觀點）**、**原因（分析回饋源頭）**。

回饋原則 1：關係，建立信任感

回饋之前需要先打造適合回饋的氛圍，可以透過閒聊醞釀安全的溝通氣氛，才能安心累積彼此的信任感。例如問對方：最近工作如何、跟家人做了什麼，或者聊大環境的時事等。除了以上日常主題，也分享一個快速拉近彼此距離的小訣竅：如

果你主動跟他人分享祕密，對方會對你好感度大增，因為你先釋出信任對方的訊號，這麼一來就有機會讓對方回饋與分享更多給你。

回饋原則2：對標，確認彼此觀點

賽局理論專家阿納托爾・拉波伯特（Anatol Rapoport）有一著名觀點：「如果你不能提出讓對方滿意的觀點，就不要妄想說服並解決問題，甚至達成共識。」

溝通回饋正是持續對標的過程，讓你知道是不是雙方都認同現在的狀況，確保大家有基本共識。所以在**回饋的過程要「先確認」對方的論點，「再分享」自己的看法**。回應的要訣是讓對方理解「我已經接收並理解你的看法」，才能創造良好的回饋氛圍。實際做法如下：你先把對方的觀點陳述一遍，然後請對方回饋，你的理解是否正確。

回饋原則3：原因，分析回饋源頭

管理大師彼得・杜拉克（Peter Drucker）曾說：「最嚴重的錯誤，並非回答了錯誤的答案；真正的危險其實是根本搞錯了問題。」

要聚焦回饋的問題，可以透過「五個為什麼」（5Whys），來逐步釐清問題核心。豐田汽車公司在收到意見回饋、面對問題時，會一連追問五個為什麼，藉由不斷提問並向下挖掘出最根本的問題，才得以更有效解決。

✤ BIC回饋模型：回饋有公式，讓別人更樂意聽你的

除了掌握三個回饋原則，能讓你跟團隊成員溝通起來更有效率，針對回饋本身，還能運用「BIC回饋模型」來提升別人聽進你回饋的成功機率。

BIC是英文「Behavior Impact Consequence」的簡稱，這是IBM等跨國企業管理者經常使用的回饋模型，分別對應三個指標：B，行為（Behavior）；I，影響（Impact）；C，結果（Consequence）。

B，行為（Behavior）

首先，針對對方的行為來討論，以事實為依據，讓回饋內容更具體，並且排除情緒的影響。例如：「你做得很好」這種表述方式只說出了你的感受，還必須加入

「事實行為」，像是「你的簡報很流暢，整體的邏輯思維縝密，也能夠用數據提出自己的觀點」等，透過具體回饋，才會讓對方明確知道哪些部分被肯定。

I，影響（Impact）

指出事實行為後，再來說明會產生什麼影響，例如：「因為有效的簡報溝通，能夠提升跨部門的合作效率，強化你在大家心中的形象。」從「個人」和「團隊」產生的影響來思考，讓對方知道自己做好這件事帶來的影響力。

C，結果（Consequence）

結果比影響還要長期，這裡就不只是談論當下的情況，而是拉長到一年或十年來看，如果這件事情繼續下去，對個人會產生什麼變化。回饋「結果」的內容，主要跟個人有關，像是人際關係、個人的職涯發展，還有未來在大家口中的評價。

我經常使用ＢＩＣ回饋模式指導學員，以公眾表達能力為例：

B，行為：「你說話的音調自然流暢，臺風也很穩健，這樣很容易抓住大家的目光。」

I，影響：「在帶領團隊表達上抓住大家的目光，是很重要的第一步。」

C，結果：「你能做到這點很好，是你的強項，不過在音調上還可以帶出更多情緒，其他人會更確實接收到你要求的感覺，增加團隊合作效率。」

除了自身專業能力，回饋能力也是職場成長重要的溝通能力之一，可以讓你付出的每一份努力，都能精準達到團隊期望的目標，也不會在回饋他人時徒增人際摩擦。除此之外，有企圖走向管理職的人，回饋能力可說是成為管理者的基本功，可以有效降低指導員工產生的不愉快和流動率。

Eurasian Publishing Group
圓神出版事業機構
用心與你對話．視野無限寬廣
方智出版社
Fine Press

www.booklife.com.tw　　reader@mail.eurasian.com.tw

生涯智庫 197

扛起來，就是你的！

有擔當才有機會！提升職場力的不敗工作術

作　　者／陳韻如（維琪／ Vicky）
文字校對／林春杏
封面攝影／謝文創攝影工作室
發 行 人／簡志忠
出 版 者／方智出版社股份有限公司
地　　址／臺北市南京東路四段50號6樓之1
電　　話／（02）2579-6600・2579-8800・2570-3939
傳　　真／（02）2579-0338・2577-3220・2570-3636
總 編 輯／陳秋月
副總編輯／賴良珠
主　　編／黃淑雲
專案企畫／尉遲佩文
責任編輯／陳孟君
校　　對／溫芳蘭・陳孟君
美術編輯／李家宜
行銷企畫／陳禹伶・王莉莉
印務統籌／劉鳳剛・高榮祥
監　　印／高榮祥
排　　版／陳采淇
經 銷 商／叩應股份有限公司
郵撥帳號／ 18707239
法律顧問／圓神出版事業機構法律顧問　蕭雄淋律師
印　　刷／祥峰印刷廠
2021年11月　初版

定價320元　　ISBN 978-986-175-639-4

你本來就應該得到生命所必須給你的一切美好！
祕密，就是過去、現在和未來的一切解答。

——《The Secret 祕密》

國家圖書館出版品預行編目資料

扛起來，就是你的！：有擔當才有機會！提升職場力的不敗工作術／
維琪（Vicky）作.
-- 初版. -- 臺北市：方智出版社股份有限公司，2021.11
240 面；14.8×20.8公分. --（生涯智庫；197）
ISBN 978-986-175-639-4（平裝）

1.職場成功法

494.35　　110015759